성서에서 찾아낸 지속가능성의 원형
# 성서 속의 생태학

Am Anfang war die Ökologie
A. P. und A. H. Hüttermann

ⓒ 2002 by Verlag Antje Kunstmann GmbH, Muenchen

이 책의 한국어판 저작권은 EuroBuk 에이전시를 통한 저작권자와 독점 계약으로
도서출판 황소걸음에 있습니다. 저작권법에 의해 한국 내에서 보호를 받는 저작물이므로
무단 전재와 복제를 금합니다.

성서에서 찾아낸 지속가능성의 원형
# 성서 속의 생태학

A. P.&A. H. 휘터만 지음

홍성광 옮김

**황소걸음**
Slow&Steady

성서에서 찾아낸 지속가능성의 원형
성서 속의 생태학

펴낸날 2004년 3월 15일 초판 1쇄
　　　 2008년 9월 17일 초판 2쇄
지은이 A. P.&A. H. 휘터만
옮긴이 홍성광
만들어 펴낸이 정우진 강진영
꾸민이 Moon&Park(dacida@hanmail.net)
펴낸곳 121-856 서울 마포구 신수동 448-6 한국출판협동조합 도서출판 황소걸음
영업부 (02) 706-8116
편집부 (02) 3272-8863
팩　스 (02) 717-7725
이메일 bullsbook@hanmail.net
등　록 제22-243호(2000년 9월 18일)

**황소걸음**
Slow&Steady

ⓒ 홍성광, 2004

이 책의 내용을 저작권자의 허락 없이 복제, 복사, 인용, 전재하는 행위는
법으로 금지되어 있습니다.

ISBN 89-89370-32-9　03470

정성을 다해 만든 책입니다. 읽고 주위에 권해주시길…
잘못된 책은 바꿔드립니다. 값은 뒤표지에 있습니다.

## 서문

 많은 종교는 인간의 평화로운 공동생활에 관계된 것은 물론 일상생활에 관계된 것들을 규율하는 계명들을 만들어냈다. 음식에 대한 계명은 먹어도 되는 것과 '불결한' 것으로 간주되는 음식을 정해두고 있다. 청결에 대한 계명은 의식(儀式)에 따른 목욕재계를 규정하고 위생상의 표준을 정하며, 의복에 대한 규정은 사회생활을 할 때 무엇이 알맞고 예의 바른 것인지 정의하고 있다. 이러한 규정을 관철하기 위해 종교를 비롯한 여러 가지 전통과 성스러운 기록물, 즉 신의 말씀을 증거로 끌어들이기도 한다.

 하지만 '신의 계율'의 근거로 제시되는 것들이 비신자들에게는 퇴보나 근본주의에 가까운 도덕적 엄숙주의로 비칠 수도 있다. 종교 행사가 형식적으로 너무 엄격하다는 비난은 유태인에게도 늘 해당되었다. 유태인들에게는 상세히 규정된 성서상의 많은 계율들이 수백 년에 걸쳐 생생히 보존돼왔다. 제5계명 '살인하지 말라'는 계몽된 인간들이 대부분 공감할 만하며, 복잡하기 이를 데 없는 음식에 대한 계명 중 '시대에 뒤떨어졌다'고 할 만한 것은 거의 없다고 할 수 있다.

『카인은 그녀의 운명이었다』를 쓴 미국인 헤르만 오크(Hermann Wouk)는 정통파 유태인이다. 그는 유태인의 정신을 다룬 『이것이 나의 신이다』에서 유태 신앙을 되도록 긍정적으로 설명하고자 했다. 글 솜씨가 워낙 탁월해 그의 의도는 대성공을 거두었다. 헤르만 오크는 유태 신앙의 특성을 음식 규정에 이르기까지 적절한 근거를 제시하며 자세히 설명하고 있다.

유태인의 음식 계율들은 일반적인 식습관과 모순된다. 이 계율들은 종교적인 규율을 제대로 준수하는지 여부를 가장

먼저 파악할 수 있는 하중 시험들 중의 하나로, 이것은 미묘한 주제다. [1]

그의 설명은 계속된다.

토라(모세 5경)는 여러 규정에 대한 짧은 근거를 제시할 뿐이다. 이 규정들은 이스라엘이 성인다운 삶을 살도록 교육하는 것을 도와준다. [2]

규정의 의미와 목적에 대해서는 설명하지 않는다. 사람들은 이 규정들이 이스라엘 사람들을 '교육시켜야' 한다는 확신으로 그럭저럭 넘어간다. 예를 들어, 개혁적 율법학자인 레오 백(Leo Baeck) 같은 박식한 유태인들도 그런 식이다. 그는 『유태인 정신의 본질』에서 규정들이 '양심을 교육시키고' '공동체의 존속을 공고하게 한다'[3]고 함으로써 그 의미와 목적을 설명하고 있다. 또 유태인 신학자 시몬 드 브리스(Simon de Vries)

도 『유태인 의식(儀式)과 상징』에서 계율들은 '계속되는 경고'[4]라고 간주한다.

그런데 대부분의 사람들은 계속해서 경고받는 것을 달가워하지 않으며, 특히 성인이 된 후에는 교육받는 것 또한 좋아하지 않는다. 더욱이 의미와 목적이 뚜렷하지 않은 규칙들을 지키는 것을 탐탁치 않아 한다. 그렇기 때문에 오늘날 대부분의 유태인들이 성서가 규정하는 음식 계명을 지키지 않는다는 사실은 놀랄 일이 아니다. 그리고 주변인들이 지금까지 낯설고 색다른 규칙들을 엄격하게 지키는 유태인들을 다소 우스꽝스럽게 여기는 것 또한 그리 놀랄 일이 아니다. 엄격한 정통파 유태인 중의 한 명인 헤르만 오크는 이 문제를 조금 다르게 보지만, 그도 긴장 관계가 존재한다는 사실은 부인하지 않는다.

경건하지 않은 자는 무리한 요구에 화를 내며 저항한다. 그리고 힘들여 음식 계명을 지키는 경건한 자들은 칭찬받기를 바라며, 규칙을 지키지 않는 다른 사람들을 따끔하게 꾸

> 짖어주기를 바란다. [5]

그는 이 책의 기본 원칙이 되는 내용을 계속 언급하고 있다.

> 어떤 종교의 음식 계명에 특정한 목적이 있다면, 그 목적을 찾아야 할 것이다. [6]

 이 책은 바로 이러한 내용들을 중요하게 다루고 있다. 수많은 음식 계명들이 징계 조치 정도로 여겨진다는 것은 도저히 생각할 수 없는 일이기 때문이다.
 당시의 유태인들이 어디에서 어떤 상태로 살았는지 아는 것이 이 책의 주제에 접근하는 데 도움이 될 것이다. 이 점에 대해 마크 트웨인은 다음과 같이 묘사한다.

> 나는 경치가 황량한 나라로는 팔레스티나가 으뜸이라고 생각한다. 초목이 자라지 않는 흐릿한 색의 산들은 일반적인

산들과 다른 모습이다. 계곡은 보기 흉한 황무지로, 얼마 안 되는 초목이 자라고 있다. 이러한 풍경은 그 자체로 시름이 가득하고 기가 죽은 모습이다.[7]

마크 트웨인은 19세기에 팔레스티나를 방문한 후 『구세계로의 여행』을 썼다. 위 구절은 이 책에 묘사된 것이다. 하지만 기원전 1200년경, 이스라엘 사람들이 이 땅을 차지하기 전에 어떤 여행객이 이곳을 지나갔다면 그도 틀림없이 마크 트웨인과 같은 글을 썼을 것이다. 이스라엘 방문객들은—특히 '요단강'에 대한 수많은 찬송가를 들은 미국인들은—요단강이 작은 시냇물, 즉 실개천에 불과하다는 사실을 알고는 놀라움을 금치 못한다. 하지만 이 강은 옛날에도, 지금도 이 지역의 가장 중요한 강이다(요르단이라는 지명도 바로 이 요단강에서 유래한다).

미시간이나 핀란드에 있었다면 변변한 이름조차 얻지 못했을 이 흐릿한 실개천을 두고 오늘날에도 두 나라, 때로는 세 나라가 자기네 강이라고 주장하고 있다.

예수가 초록색 강을 통과해 달리는 다 빈치나 브뢰겔, 뒤러의 그림들 때문에 상황을 잘못 판단해서는 안 된다. 그 반대가 진실이다. 사람들은 영화 '브라이언의 삶'에서 자신들이 원하는 것을 받아들일지 모른다. 경치면에서 보면 이 영화는 고대 이스라엘의 생태 모습에 가깝다. 이스라엘은 황무지의 외곽에 위치해 있다. 지리학적 관점에서 보면, '에르트로흐(Erdloch)'에서 조지 해리슨이 미친 은둔자로 나오는 장면은 '성지'를 사랑스러운 풍경으로 그리는 전형적인 유럽 영화보다 훨씬 사실적이다.

우리는 유태인을 불쌍하다고 말할 수 있을지 모르겠다. 이들은 말할 수 없이 열악한 지역에서 살아야 했고, 이것저것 다 먹어서는 안 되었다. 하지만 반대로 생각해볼 필요도 있다. 유태인들이 최상의 지역에서 살지 않았기 때문에 뭐든지 먹어선 안 되었는지도 모르는 일이다. 유태인들이 지리적으로 어쩔 수 없는 상황에서 살았기 때문에 성서의 많은 규범들이 생겨난 것은 아닐까?

고대 팔레스티나에 살았던 유태인의 규범들을 생물학적으로 살펴보면 놀라운 사실들이 발견된다. 구약성서 출애굽기나 레위기, 신명기(모세 제2권, 제3권, 제5권)[8])에서 볼 수 있는 자연친화적인 규칙들이 전혀 무의미하게 느닷없이 나타나는 것이 아니다. 이런 규칙들은 어떤 땅에서 살아남기 위해 세워진 것이다. 그 땅에서 제일 큰 호수는 하르츠의 오커슈탈슈페레(Okertalsperre)보다 더 작다. 이 땅에는 비가 좀체로 내리지 않으며, 그것도 거의 겨울에만 내린다. 여름에는 몇 달 동안이나 비 한 방울 내리지 않는다. 거의 1년 내내 너무 덥고 건조해 공기가 모든 습기를 다 빨아들인다. 이 때문에 요단강은 완전히 사해(死海)로 변한다. 물이 증발해버리는 바람에 소금까지 함께 사라지자 오늘날엔 산업 시설을 통해 소금을 얻는다.

성서에 나타난 율법들은 유태인들이 2000년 전에, 아니 그보다 훨씬 전부터 자연을 생물학적이고 생태학적으로 이해했음을 증거하는 것이다. 유럽에서는 19세기 중엽에야 이러한 지식 수준에 도달했고, 부분적으로는 20세기에 비로소 그 수준에 이를 수 있었다. 이런 지식으로 인해 유태인들은 한정된 공간에서, 수많은 인구가, 수백 년에 걸쳐 자연과 조화를 이루며 살 수 있었던 것이다. 유태인들과 유사한 환경에서 살았던 다른 민족들은 주기적으로 극심한 흉년을 맞았으며, 어떤 민족은 자연에 대한 이해가 부족한 나머지 사라지기도 했다. 하지만 열악한 자연 조건에도 불구하고 유태인들에게는 수백 년 동안 극심한 흉년이 없었다. 약 30년 전에야 비로소 유태인 주민들은 다음과 같은 사실을 명확히 의식하게 된다. 수백 년에 걸쳐 지속적으로 실천되어온 국민 경제에 대한 유일무이한 예가 고대 이스라엘이라는 사실을 말이다. 이제 지속적인 절약을 지구상에서 살아가는 인류의 생존 문제로 간주한다면 우리 문명의 종교적인 원전에 담겨 있는 얼핏 모호해 보이는 이러한 부분에서도 우리는 중요한 사실들을 배울 수 있을지 모른다.

고대 유태인의 이러한 생태학적 지식이 이 책의 주제다. 이것은 성서의 중요한 율법들의 토대가 된다. 따라서 이 책에서는 주로 성서에 대해 다룰 것이다. 지금까지 성서를 다룬 많은 저서들과 달리 독자의 종교적인 입장은 중요하지 않다. 이 책에서 인용하는 성서 본문은 역사적인 증거로 제시될 뿐이다. 이때 중요한 것은 종교적이거나 정신적인 내용이 아니라 단지 그것이 생물학적으로 적절한지 여부인 것이다. 성서는 고대 유태인에 대해 뭔가 알아낼 수 있는 최상의 원전이다. 역사가들이 고대 이집트의 무덤의 모양을 보고 당시에 어떤 조류가 살았는지 연구하듯이, 이 책에서는 성서 본문을 통해 유태인들의 자연에 대한 이해와 그들의 생태학적 복음을 살펴보고자 한다.

## 차례

서문_5

1. 유태인 기록물의 역사_17
2. 노아와 야곱, 그리고 이집트의 재앙_27
3. 약속의 땅_56
4. 땅의 이용_64
5. 생태학적인 규칙의 엄수_68
6. 먹어도 되는 것은 무엇인가?_80
7. 물과 위생_95
8. 인간은 어떻게 생기는가?_109
9. 지속성_119
10. 유태인은 어떻게 이런 통찰을 하게 됐는가?_138
11. 다른 문화의 생물학적 지식_156
12. 왜 그 지식이 사라져버렸는가?_173
13. 그게 뭔가 다른 것을 의미할 수 있지 않을까?_181

역자 후기_189

부록_197

◉ 일러두기
　이 책의 성서 구절은 The Holy Bible in English New International Version의
　한글 번역판 『한영 현대인의 성경』을 인용했습니다.

# 1_ 유태인 기록물의 역사

 성서의 본문을 순전히 자연과학적인 관점에서 분석하고 싶지만 오늘날까지 성서를 연구해 얻은 성과들을 도외시할 수는 없다. 성서의 발생사를 모르고는 성서를 이해할 수 없기 때문이다. 처음에는 유태교에서, 그런 다음에는 기독교에서 문학적으로 형상화된 작품을, 그리고 성서가 생겨난 민족의 역사적 배경을 모르고는 성서를 이해할 수 없는 것이다. 이 책에서는 수천 권의 두꺼운 책들에 가득 담겨 있는, 이와 관련된 전체 문헌을 상세히 다루지는 않는다. 특히 이 문헌들의 세부 항목에 나타나는 서로 모순되는 많은 해석들도 다루지 않는다. 이 책에서는 성서 해석학자들 사이에서도 논란의 여지가 없는 몇몇 근본적인 사실들을 다루었다.

이 책에서는 먼저 정착사를 다룬다. 서문에서 팔레스티나가 생기 넘치는 풍경이 아님을 잠시 언급했다. 팔레스티나는 '비옥한 반달'이라고 일컫는 가장 중요한 두 지역, 즉 농경 기술이 발명된 바빌로니아와 이집트 사이에 위치해 있었다. 팔레스티나는 두 강대국과 태곳적 정착지 사이에 낀 땅이었다. 농경 기술의 발달로 인구밀도가 높아져 그 땅에서 더는 주민들이 살아갈 수 없었다. 이 때문에 후기 이스라엘의 핵심 지역에서 주민들이 두 번이나 사멸하는 일이 생겼다. 기원전 1400년 무렵, 이러한 대재앙이 두 번째로 발생한 후 새로운 정착지가 생겨났다. 이번에는 주민들이 그때까지 알려져 있지 않던 가옥 형태와 도토(陶土)를 활용했다. 이로써 이 새로운 거주민들이 외부에서 왔거나 엄청난 문화적 혁신을 겪었다는 사실을 알게 된다. 이러한 씨족에서 이스라엘 민족이 생겨났다. 기원전 1200년 무렵에 주민들은 다시 전성기에 도달했으며, 그후 1700년 동안 지속적으로 높은 인구밀도를 유지했다. 당시는 마크 트웨인이 팔레스티나를 여행했을 때보다 인구밀도가 3~4배 더 높았다.

물론 이스라엘 민족의 역사에는 많은 단절이 있었다. 소수민족이던 이스라엘 사람들은 당시의 '위대한 정치'와 주변 정세에 전적으로 종속되어 있었다. 기원전 1400년까지 이 지역은 이집트의 세력 범위에 속해 있었다. 그런 다음 비교적 독립적인 지위를 누리던 시기가 뒤따랐다. 이 시기에 페니키아인들(성서에서는 이들을 '필리스터'라 한다)이 해안 지역을 지배했고, 이스라엘 사람들은 유태의 사막 지역에 거주하고 있었다. 당시 정부는 느슨한 씨족 연합의 형태였다. 필리스터들과 알력이 생길 때는 서로 긴밀히 협력했다. 성서의 재판관들의 책에는 때론 이스라엘 사람들이 승리하고, 때론 필리스터들이 승리하는 소규모 전쟁들이 기록되어 있다. 그러면서 이스라엘 사람들은 점차 카르멜의 북쪽인 예스렐(Jesreel) 평원으로 퍼져갔고, 정부 형태가 군주제로 바뀌면서 왕들이 나타났다. 초대 왕 사울(기원전 1012~1004년)은 부족의 절반 정도를 통일했다. 기원전 1004년에 후계자가 된 다윗 왕은 전 이스라엘을 통일하고 지배했다. 다윗 왕은 당시 두 정착지 사이에 살고 있던 예부시트 족도 무찔렀으며, 예루살렘을 정복하여 수도로 삼았다. 다윗 왕의 아들 솔로몬 왕은 예루살렘에 성전을 건축했는데, 이 성전은 이스라엘 사람들의 종교적인 중심지가 되었다. 다윗 왕의 손자 때인 기원전 926년에는 나라가 북부 왕국 이스라엘과 남부 왕국 유다로 두 동강났다. 결국 두 나라 모두 아시리아의 속국이 되었는데, 유다는 형식적으로 기원전 587년까지 존속했다. 반면 이스라엘은 기원전 722년 아시리아의 일개 주로 전락했다. 이때 아시리아는 독일의 중간 크기의 군 정도 면적이었다. 이 기간 동안 예루살렘은 남부 왕국의 수도였을 뿐 아니라, 성전이 있었기 때문에 유태인들의 가장 중요한 종교 중심지였다. 그렇지만 예루살렘의 정신적 의미는 그 도시의 실제 크기와는 현격한 대조를 이루었다. 다윗 왕 시절에는 도시 면적이 6헥타르였는데, 성전 건축(6헥타르)과 솔로몬 치하의 궁전 시설(3헥타르)로 도시 면적이 15헥타르로 확대되었다. 길이 26.4미터, 너비 8.6미터, 높이 약 4미터의 성전은 당시 상황에 비춰볼 때 규모가 너무 작았다. 하지만 유태인들의 정신적인 부는 보잘것없는 물질적 조건과는 딴판이었다. 당시 유태인들의 문자 해독률은 무척 높았다. 여러 성물 중에서 예루살렘 성전이 가장 중요했지만, 유일한 성물은 아니었다. 성서로 기록된 부족들의 전승된 관습들도 성물의 하나였다.

기원전 587년에 바빌로니아는 아시리아 왕국을 정복하고, 이어서 세력이 무척 약해진 유다 왕국도 정복했다. 이때 예루살렘의 성전이 허물어졌다. 바빌로니아의 관례에 따라 피정복국의 엘리트들이 끌려가 일종의 인간 동물원에서 거주했다. 이 거주지는 거대한 신전 구역(마르두크 신전은 솔로몬 성전의 20배 정도 되었다) 바로 맞은편, 즉 어마어마한 위용을 자랑하는 행진 거리의 다른 쪽에 있었다. 그 거리의 잔해를 오늘날 베를린의 페르가몬 박물관에서 볼 수 있다. 바빌로니아의 신 마르두크가 날이면 날마다 피정복민을 보고 즐거워할 수 있도록 나라를 빼앗긴 엘리트들을 이 구역에서 살게 한 것이다. 유다의 엘리트들도 바빌로니아에 의해 정복된 다른 민족의 엘리트들과 같은 운명을 맞아야 했다. 바빌로니아는 당시 전 지역의 '지도 문화'였다. 가령 페트라와 같은 완전한 독립국가조차도, 오늘날 초강대국인 미국의 코카콜라 문화에 우리 문화를 빼앗기듯이, 바빌로니아의 영향력에서 벗어날 수 없었다.

그러나 유태인들은 당시 근동의 수많은 소수민족과는 완전히 다르게 반응했다. 전쟁에서 패배하고 종교 중심지를 잃은 상처가 이들에게는 자기발견 과정의 시작이었던 것이다.

기원전 535년에 페르시아인들은 바빌로니아를 정복한 후, 유태인들이 팔레스티나로 가는 것을 허락했다. 그러나 모든 유태인들이 돌아갈 수 있었던 것은 아니다. 물론 팔레스티나는 페르시아 제국의 주가 되었다. 바빌로니아에 남아 있던 유태인들은 신앙에 충실했으며, 유태적인 디아스포라(팔레스티나를 떠나 사는 이산 유태인과 그 거주지 – 역주)의 첫 배종 세포가 되었다. 예루살렘에서는 페르시아 국고의 지원으로 성전이 다시 건축되었고, 그곳이 곧 모든 유태인들의 종교 중심지가 되었다. 알렉산더 대왕이 페르시아를 정복한 후 세상을 뜨자 팔레스티나도 그의 거대한 제국의 강제 집행 대상 재산이 되었고, '헬레니즘'이라는 새로운 지도 문화의 영향하에 놓였다. 이제 팔레스티나는 이집트인들이 통치하는 프톨레마이오스 왕조와 바빌로니아가

지배한 셀레우코스 왕조의 교차 지점에 놓인 것이다. 기원전 160년 무렵, 유태인들은 프톨레마이오스인과 헬레니즘 문화에 대항하는 반란을 일으켰다. 반란이 성공한 후, 반란을 주도한 가문인 하스몬 왕조하에서 약 100년 동안 독립 상태를 유지했다. 기원전 63년에 폼페이우스가 독립 상태에 종지부를 찍었다. 전 지역이 로마의 주가 되었으며, 헤롯 왕이나 그의 상속자들과 같은 속국의 왕을 통해 통치되었다. 그러다 서기 67년에 다시 반란이 일어났는데, 이 반란은 베스파시아누스에 의해 진압되었다. 베스파시아누스가 로마의 황제가 되었을 때 그의 아들 티투스가 이 지역을 잔인하게 진압해버렸다. 티투스는 서기 70년에 예루살렘을 정복하고, 성전을 파괴했다. 그후로 성전은 재건되지 않았다. 서기 135년에 로마인에게 대항한 반란이 또 한 번 있었지만, 무자비하게 진압되고 말았다. 4세기부터는 유태교의 종파로 생겨난 기독교가 전 로마제국의 국교가 되었다. 이러한 사실들은 유태인들에게 정신적 충격을 주었을 뿐 아니라 심리적 영향을 미쳤다. 로마제국이 분할되면서 이 지역은 비잔틴(동로마)으로 넘어갔다. 640년에 이 지역은 이슬람 군대에 의해 정복되었고, 1918년까지 그때그때 통치하는 이슬람 제국의 주로 있었다.

 이러한 굴곡의 역사가 종교적 기록물인 성서의 탄생에 지대한 영향을 미쳤다. 특히 바빌로니아 유배가 결정적이었다. 이

기간 동안 영혼들이 갈라졌다. 바빌로니아로 끌려간 유태인 중 일부는 새로운 권력과 타협하고 그곳 주민이 되었다. 하지만 상당수는 동화되지 않았다. 사실, 이러한 그룹은 바빌로니아에서 생업에 종사했지만, 옛날의 직위와 사제 구조는 보존하고 있었다. 그렇다고 진정한 권력 행사가 이루어진 것은 아니다. 이들이 한 본질적인 일은 함께 가져온 성스러운 기록물을 선별하고 그곳에 살던 모든 유태인들이 인정하는 경전을 편찬하는 작업이었다. 바빌로니아에 포로로 잡혀온 유태인들이, 서로 다른 역사를 지녔기 때문에 서로 다른 텍스트로 기록된 서로 다른 종교적·역사적 전통들도 함께 가져왔다는 사실을 우리는 염두에 두어야 한다. 이를 넘어서서 아주 깊은 반성도 하기 시작했다. 과거에 잘못한 것은 무엇인지, 도대체 어떻게 해서 그런 엄청난 파국을 맞은 것인지 성찰했다.

수천 년에 걸쳐 증명될 수 있는 유태인의 특성 중 하나는 기록된 글을 무한히 존경한다는 점이다. 성스러운 책이 관련될 때는 더욱 그렇다. 이런 특성으로 인해 바빌로니아의 유태인들은 글의 내용들을 서로 통일시켜야 했고, 성찰 과정에서 새로 깨달은 바를 보충해야 했으며, 문자로 기록하는 과정에서 너무 많은 것이 사라지지 않도록 추가해야 했다. 이 일은 그리 간단한 과제가 아니었다. 이들의 작업 결과가 오늘날 우리가 보는 형태의 성서다. 이때 다양한 텍스트들이 다양한 책들에 부분적으로 나란히 전수되었고(이리하여 다윗 왕과 솔로몬 왕의 역사가 두 개의 역사서에, 즉 사무엘 왕의 책과 연대기에 기록되었다), 부분적으로는 현재 남아 있는 텍스트들에 서로 겹쳐졌다. 그래서 좀더 오래된 천지 창조의 이야기(창세기 2장)에 바빌로니아의 상황을 비교적 많이 고려한 새로운 내용이 추가되었다. 부분적으로는 옛날 텍스트에 새로운 서두 부분이 추가되었고, 텍스트 일부가 완전히 새로 쓰이기도 했다. 다양한 갈래의 텍스트와 발생사에 공감해 오늘날에도 수많은 성서학자들이 연구에 몰두하고 있다. 이러한 복잡한 역사를 통해 우리는 예를 들어, 십계명이 약간 다른 표현으로 성서에 두 번(출애굽기와 신명기에) 적혀 있다는 사실을 이해할 수 있다. 어떤 계명은 세 번 등장하기도 한다.

이렇게 다양하게 수집·편찬된 텍스트와 후에 첨가된 작품들은 세 개의 큰 범주로 나눌 수 있다.

1. 토라(모세 5경, 독일어로 Weisung, 우리말로 지시나 훈령을 뜻함)는 구약성서의 처음 다섯 권이다. 여기에는 천지 창조부터 모세의 죽음까지 이스라엘 민중의 역사가 다뤄진다. 또 이 책에 아주 중요한 것으로, 전체 규칙과 율법이 법전화되어 있다.
2. '선지자들의 책'이라고 할 수 있는 부분이다. 바빌로니아 유배 상태까지 이야기하는 전체 역사서들이 여호수아, 사무엘

상·하, 열왕기 상·하로 통합될 수 있다. '좀더 후대의 선지자들' 책은 이사야에서 말라기까지다.
3. 그 '나머지'가 시편, 잠언, 아가서고, 다니엘이나 느헤미야와 같은 좀더 새로운 선지자들뿐만 아니라 역대 상·하와 룻기, 에스더 같은 이야기체 책이다.

구약성서 중 유태인에게 가장 중요한 부분은 모세 5경이다. 기독교에서 좀더 짧은 복음서들이 읽히듯이, 유태인 예배당에서 모세 5경은 한 해 동안 완전히 낭독된다.

모세 5경에서 율법이 법전화된 후에 주석자들이 작업을 시작했다. 우리의 법률들이 이에 딸린 주석에 대한 지식 없이는 올바로 이해될 수 없듯이 성서 율법도 마찬가지다. 이러한 주석 작업은 바빌로니아 유배 상태에서 팔레스티나로 돌아간 후 비교적 일찍 시작된 것으로 추측된다. 가령 기원전 3세기 초에 율법학자나 랍비의 계층이 형성되어갔다. 이들은 사제 출신은 아니었지만 공동체를 이루어 율법을 해석하고 이를 계속 발전시켰다. 이들은 점점 더 전문적으로 활동해서, 기원전 200년경에는 율법을 해석하는 아주 특수한 양식을 만들었다. 비중 있는 랍비들이 쓴 주석을 나란히 배열하여 그 중요성을 서로 신중하게 평가한 다음 어떤 해석을 따를지는 신자들에게 맡겼다. 이러한 논의는 서기 200년 무렵에 '미슈나'(배움이나 복습을 뜻하는 말)로 불리는 독자적인 율법서로 통합되었다. 이때 모세 5경은 약 1000페이지 분량의 책으로 현실화되면서 시대에 적응한다. 그런 후 팔레스티나뿐만 아니라 바빌로니아에 있는 랍비 학교에서 계속 토론이 이루어졌다. 바빌로니아에는, 페르시아가 패권을 잡은 후 귀국할 수 있는 상황이었는데도 불구하고 남아 있던 유태인들을 중심으로 한 아주 활발한 교구(敎區)가 있었다. 이러한 논의들은 5세기에 팔레스티나에서, 6세기에 바빌로니아에서 새롭게 문서로 기록되었다. 이렇게 생겨난 기록들은 '탈무드'(가르침이나 연구라는 뜻)라는 이름을 얻었는데, 발생 장소에 따라 바빌로니아 탈무드와 팔레스티나 탈무드로 나뉜다. 바빌로니아 탈무드는 약 1만 2000페이지에 이른다.

# 2_ 노아와 야곱, 그리고 이집트의 재앙

 성서가 내세우는 생활 규칙(무엇보다 음식 규칙)을 하나하나 따져보기 전에, 유태인의 자연 이해를 보여주는 구약성서의 세 가지 이야기에 대해 살펴보고자 한다. 여기서 중요한 것은 노아의 이야기와 이집트의 재앙, 그리고 야곱과 라반 사이의 계약이다.

# 노아

 노아 이야기는 성서에서 잘 알려진 내용 중의 하나로, 수백 년에 걸쳐 문학, 이야기, 연작 그림들에 전파되었으며 새롭게 이야기되어왔다.

 이 이야기에서 중요한 문제는 무엇일까? 신은 대홍수로 인간의 죄를 벌하려 한다. 노아와 그의 가족, 그리고 에덴 낙원의 동물들만 살아남을 수 있다. 노아는 대홍수가 일어나면 자신의 가족과 모든 동물들을 태우기 위해 커다란 배를 만든다.

 그런 대홍수가 있었는지 없었는지를 따지는 것은 그리 중요하지 않다. 우리에게 보다 흥미로운 질문은 다음과 같은 것이다. 노아가 유태인이 아니라 기원전 1000년 무렵 근동에 존재한 다른 문화의 일원, 즉 바빌로니아인이었다면 어떤 일이 일어났을까.

 노아가 바빌로니아인이었어도 거대한 배를 만들었을지 모른다. 이에 대해 필자는 제법 정확히 알고 있다. 바빌로니아에도 노아와 같은 사람이 있었기 때문이다. 그는 길가메시라는 사람인데, 그의 이야기가 길가메시 서사시로, 그것도 기원전 약 1200년에 좀더 새로운 방식으로 이야기되고 있다. 길가메시도 배에 올라 목숨을 구하라는 신의 명령을 받는다.

슈푸락의 남편, 우바라-투투스의 아들.
집을 허물고, 배를 건조하라.
부를 버리고, 삶을 추구하라.
재산을 포기하고, 생명을 얻어라. [9]

길가메시도 배에 동물들을 태워야 했다. 노아가 그랬던 것처럼 반드시 살아 있는 동물들을 태워야 했다. 하지만 그 지시 내용은 좀 다르다.

[…] 각종 생명이 있는 정자들을 배에 실어라! [10]

길가메시는 동물 자체를 싣지 않고, 그 정자만을 실었다(그러니까 동물 수컷의 정충). 바빌로니아 사람들은 정자에서 동물이 스스로 생겨난다고 생각했기 때문이다.

노아가 그리스인이었을 경우를 생각해보자. 그가 현명하고 학식이 뛰어난 아리스토텔레스였다면 어떻게 했을까? 어쩌면 그도 길가메시처럼 거대한 배를 만들었을지 모른다. 하지만 그는 질 좋은 그리스 포도주를 배에 채웠을지 모르겠다. 홍수가 일어난 후 그는 흙 한 줌과 이파리 몇 장, 그리고 이와 유사한 것들을 사발에 집어넣고는 이 모든 것을 그 스스로에게 맡겼을지 모른다. 그리고 시간이 경과함에 따라 이 안에서 전체 동물계가 새로 생겨났을지 모른다. 왜냐하면 아리스토텔레스는 생물의 자연발생, 즉 무생물계에서 생명이 저절로 생긴다고 믿었기 때문이다. 이러한 믿음은 꽤 오랫동안 퍼져 있었다. 중세의 위대한 생물학자 알베르투스 마그누스는 동물들의 경우 발아, 생식, 자연발생 등 나란히 존재하는 세 가지 번식이 있다고 여겼다. 그는 인간도 자연발생이 가능하다고 상상했다. 심지어 파라셀수스는 이것이 정충과 피에서 어떻게 일어날 수 있는지를 정확히 보여주고 있다. 이러한 생각이 수백 년 더 지속되었다. 괴테는 『파우스트』에서 호문쿨루스(제2부, 제2막)를 창조할 때 이러한 생각으로 되돌아간다. 괴테가 '메마르다'고 말하는 파물루스 폰 파우스트인 바그너는 실험을 한 후 다음과 같이 기대한다.

> 우선 수백의 물질을 혼합하여,
> 하긴 이 혼합이 문제가 되긴 하지만
> 인간의 원질(原質)을 쉽사리 빚어냅니다.
> 그리고 시험관 속에 넣고 밀봉해서
> 알맞게 증류시킵니다.
> 그렇게 해서 남모르게 일이 이루어지는 것입니다.
> (다시 화덕을 향하여)
> 다 되어갑니다! 덩어리가 움직여서 맑아집니다.

이것으로 확신하던 바가 점점 진실이 되어갑니다.
인간이 자연의 신비라고 찬양해오던 것을
우리는 오성(悟性)의 힘으로 감히 해보자는 것입니다.
그리고 자연이 종래에는 유기적으로 빚어낸 것을
우리는 결정(結晶)시켜서 만들어보자는 겁니다. [11]

알브레히트 쇠네[12]의 논평에서 알 수 있듯이, 괴테는 이 시구로 인해 독일 화학에서 논의의 정점에 놓여 있었다. 비유기적인 원재료에서 요소(尿素, '유기적인' 결합의)를 제조하기 위해 뵐러는 자연철학에서 무척 중요한 실험을 공표했다. 괴테는 마지막 시구에서 이러한 학문적인 센세이션에 관계하고 있는 것이다. 화학자들이 '죽은' 비유기적인 결합체에서 '살아 있는' 유기체를 만들 수 있었다는 사실은 이 시대의 자연을 이해하는 데 엄청난 영향을 미쳤다. 또 다른 위대한 화학자 유스투스 폰 리비히는 1873년에 사망할 때까지 자연발생을 맹렬히 옹호했다. 그는 오늘날의 시각에서 보더라도 설득력 있는 실험, 즉 파스퇴르가 1860년대에 관철시킨 실험을 접하고서도 자신의 견해를 굽히지 않았다. 이 실험에서 미생물이 저절로 생길 수 없다는 사실이 명백히 밝혀졌는데도 말이다.

하지만 분명 바빌로니아인도 그리스인도 모든 동물을 실을 수 있을 정도로 큰 방주를 만들지는 않았을 것이다. 이들은 이렇게 말했을지도 모른다. 인류(혹은 우선 내 가족과 내가)가 살아남는다면 동물계가 나에게 무슨 상관이란 말인가? 이를 우리는 길가메시 서사시로 결론 내릴 수 있겠다. 기록에는 길가메시가 함께 실었던 목록이 나오기 때문이다.

> 내가 갖고 있는 것은 뭐든지 그 안에 넣었다.
> 내가 갖고 있는 것은 뭐든지, 은이며 금이며 그 안에 넣었다.
> 내가 갖고 있는 것은 뭐든지, 각종 생물의 정자를 그 안에 넣었다.
> 나는 배에 나의 가족과 집안 사람을 태웠고,
> 들판의 들짐승, 들판의 온갖 동물,
> 장인의 모든 아들을 그 안에 실었다. [13]

길가메시는 자기 것이면 뭐든지 배에 실었을 뿐 아니라 자기의 친척도 함께 태운다. 그는 동물(정자의 형태로 실었는지, 생물체로 실었는지 여기서는 분명하지 않다)들도 싣지만, 이것은 사실 이기심에서 비롯된 행동에 불과하다. 왜냐하면 동물들은 금이나 은처럼 그의 소유물이기 때문이다.

그러면 이제 기원전 900년경, 초판본에 나타난 노아의 이야기에서는 자연을 어떻게 이해하고 있는지 살펴보자.

- 자연발생은 존재하지 않는다. 즉 무기체에서 그렇게 간단히 새로운 생명이 생겨날 수 없다는 것이다. 이러한 생각은 주변의 많은 문화들이 무기체에서 생명이 발생한다고 확신하던 시기에 가히 혁명적인 것이다.
- 동물의 종(種)이 살아남기 위해서는 정자나 피, 혹은 그밖에 어떤 것이 필요한 게 아니라 수컷과 암컷 한 쌍이 필요하다. 하나의 종은 어떤 다른 동물에서 그냥 생길 수 없다. 이와 같은 사실에서 볼 때, 유태인들은 당시에 벌써 종에 대한 근대적 개념을 알고 있었음이 분명하다. 유럽인들은 1680년경에야 비로소 이런 지식을 갖게 되었다.
- 동물들도 구원받아야 한다는 사실이 더욱 흥미롭다. 그것도 지구상에 존재하는 모든 동물이 구원받아야 한다는 사실이. 생쥐, 들쥐, 뱀이나 지렁이 같은 혐오스러운 짐승들도 구원받아야 한다. 제정신이 아니거나 잔혹 무도한 신이라면 몰라도, 어느 신도 어떤 합리적인 이유가 없다면 방주를 건조하는 것과 같은 엄청난 일을 하라고 경건한 인간에게 강요하지는 않을 것이다. 성서 속의 신은 제정신이 아닌 것도 아니고 잔혹 무도한 것도 아니다. 무엇보다 중요한 것은 노아가 방주를 짓고 동물계를 구원한다는 사실이다. 이것은 인류가 파멸할 때 자연도 함께 파멸해야 한다는 뜻이 아닌 것이다. 자연은 인류와 하등 관계가 없이 살아남기 위한 '독자적 권리'가 있는 것

이다. 홍수가 물러간 이후의 일을 기록한 다음의 유명한 성서 구절이 이러한 점을 잘 보여주고 있다.

> 8 하나님이 노아와 그의 아들들에게 다시 말씀하셨다. 9 이제 내가 너희와 너의 후손과 10 그리고 너희와 함께 배에서 나온 모든 새와 짐승과 땅의 모든 생물들에게 약속한다. 11 내가 두 번 다시 홍수로 모든 생물을 멸종시키지 않겠다. 그러므로 온 땅을 휩쓰는 홍수가 다시는 없을 것이다. 12 내가 너희와 그리고 너희와 함께 있는 모든 생물들과 대대로 맺을 계약의 표는 이것이다. 13 내가 무지개를 구름 속에 두었으니 이것이 나와 세상 사이에서 계약의 표가 될 것이다(창세기 9장 8~13절).

자연은 인간 옆에서 동등한 권리를 지닌 계약 당사자다. 그러나 길가메시 서사시는 이와 전혀 다르다. 거기에서는 자연이 대홍수가 일어난 후 길가메시의 생존과 복지를 확실하게 해주는 데만 쓰인다. 성서에서처럼 자연을 이해하는 곳은 오늘날에 이르기까지 세계 어디에서도 찾아볼 수 없다.

이제 성서 독자들도 스스로 이렇게 물을 것이다. 그렇다면 '땅을 지배하라'는 문장과 어떤 관계가 있는가? 이 문장은 자연을 마구 억압하라는 말이 아닌가? 원문이나 번역문을 볼 때

어쩌면 그럴지도 모르겠다. 하지만 성서 기록자들이 이런 생각을 한 것은 결코 아니었다. 성서에서 이 문장이 가장 잘못 이해되어왔을 것이다. 이 문장이 진실로 뜻하는 것은 10장에서 좀 더 상세히 다룬다.

## 이집트의 재앙

이집트 재앙에 관한 이야기도 널리 알려져 있다. 중요한 내용들을 보면 다음과 같다.

민족의 시조 아담의 후손인 야곱의 아들 요셉은 이집트에서 총리대신이 된다. 가족이 기근으로 팔레스티나를 떠나야 할 처지가 되자 그는 가족을 이집트에 오게 한다. 요셉이 죽은 후 그의 가족은 이집트에 남아 나일 삼각주에서 농사를 지으며 식구를 늘려간다. 세월이 흘러 이집트에 새 왕조가 들어서자 이스라엘 사람들의 상황은 점점 나빠진다. 성서의 이 이야기를 중요하게 생각하는 역사가들은 이것이 기원전 14세기 말에 등장한 새 나라의 라메시덴(Ramessiden)이었을 것으로 추측한다. 한때 지체 높은 손님이던 요셉의 가족은 시간이 지나면서 바로(Pharaoh)의 몸종이 된다. 기원전 1280년경, 모세와 아론은 신의 계시를 받고 유태 민족을 이집트의 노예 상태에서 해방시키려 한다. 그러나 여기에 큰 어려움이 생긴다. 바로가 자신의 노예인 이스라엘인들을 순순히 놓아주려 하지 않기 때문이다. 좋은 말로 구슬려도 별로 소용이 없었다. 모세와 아론이 막대기를 뱀으로 변하게 하는 등 눈속임 요술을 쓰기도 하지만 별 성과가 없었다. 영화 '십계'를 본 사람이라면 이 장면을 납득할 수 있을 것이다. 오늘날에도 오리엔트의 시장에서 뱀 부리는 마술사들이 이와 같은 속임수를 부린다.

이제 신은 큰 타격을 가하기로 결심한다. 그는 이집트에 재앙을 내리는데, 성서(출애굽기 7~15장)에 나오는 재앙의 순서는 다음과 같다.

1. 나일 강의 물이 붉게 변하고, 물고기들이 죽는다.
2. 개구리들이 물 밖으로 뛰쳐나가 돌아다닌다.
3. 모기들이 인간들을 공격한다.
4. 등에들도 인간들을 공격한다.
5. 동물들이 병에 걸린다.
6. 인간들도 병에 걸린다.
7. 우박이 내린다.
8. 메뚜기 떼가 공격한다.
9. 일식이 일어난다.
10. 장자들이 죽는다.

이제 여러분들은 스스로 이렇게 물을 것이다. 이것이 생물학과 무슨 관계가 있단 말인가? 신이란 전능한 존재다. 신이 개구리들을 땅에 넘쳐나게 하려고 한다면 이는 물론 가능한 일이다. 마찬가지로 지진이나 폭풍우로 이집트인들을 벌할 수도 있을 것이다. 신의 징벌대가 파견된다면 논리학은 아무 소용이 없어진다.

그럴 수 있겠다. 하지만 이 재앙들이 합리적인 순서로 닥치는 것은 아닌지, 생물학적으로 설명할 수 있는 건 아닌지 살펴보면 무척 흥미롭다.

나일 강은 오늘날과 마찬가지로 예전에도 이집트의 젖줄이었다. 나일 강은 1년에 여러 번 규칙적으로 범람해 땅에 물을 대주기 때문에 1년에 2~3번 수확을 할 수 있었다. 고대 이집트인들이 나일 강의 상태로 달력을 만들어낼 정도로 나일 강은 믿을 만했지만, 그렇다고 나일 강이 100퍼센트 믿음을 주는 기계일 수는 없다. 강물은 미친 듯이 날뛰기도 했으며, 서기 829년과 1010년에 두 번이나 얼어붙었다. 나일 강의 아주 복잡한 생물학적 체계가 가끔 평정을 잃을 수도 있는 것이다.

육수학(陸水學, 수리(水理)에 관한 학문)에서 잘 알려진 바대로, 평소에는 드문 해초가 갑자기 번성하는 현상이 일어날 수 있다. 나일 강이 핏빛으로 물든 것은 이 현상 때문이라고 추측되기도 한다. 어떤 이들은 광합성으로 활발해지는 특정 박테리아 때문이라고도 말한다. 이 박테리아들은 상당한 독성을 띠기도 한다.

세계의 다른 지역에서도 해초가 집단으로 번식하다 사라지는 일련의 과정이 잘 알려져 있다. 예를 들어 캘리포니아 만에서는 몇 년에 한 번씩 이런 현상이 발생한다. 그 현상이 발생하는 과정은 다음과 같다.

먼저 해초가 엄청나게 늘어난다. 이 때문에 영양소가 다 소모되어 해초가 증식되지 못하고 사멸한다. 이어 미생물이 해초를 분해함으로써 산소가 급격히 소모된다. 물이 썩기 시작하고 악취가 난다. 그러면 산소가 풍부한 물에서는 생기지 않는 혐기성(嫌氣性) 박테리아가 대량으로 번식한다. 이러한 상태는 클로스트리듐 보툴리눔(Clostridium botulinum)과 같은 위험한 병원체들이 번식하기에 알맞다. 이제 물 속의 환경이 나빠져 물고기들이 죽는다. 이로써 이집트의 첫째 재앙이 설명된 셈이다. 시간이 흐름에 따라 개구리들도 수질이 나빠서 더는 살 수 없게 오염된 물을 떠난다(둘째 재앙).

성서에서 이 구절은 아주 중요한 두 군데에서 등장하는데, 이를 인용하면 다음과 같다.

> **19** 여호와께서는 다시 모세에게 말씀하셨다. "너는 아론에게 그의 지팡이를 잡고 그것을 이집트의 모든 강과 운하와 연못

과 호수 위에 펴라고 말하라. 그러면 그 모든 물이 피가 되어 이집트 곳곳에 피가 있을 것이며 심지어 나무 그릇이나 돌 항아리에도 피가 있을 것이다." [20] 그래서 모세와 아론이 여호와께서 명령하신 대로 바로와 그 신하들 앞에서 지팡이를 들어 강물을 쳤다. 그러자 그 물이 다 피로 변하고 [21] 물고기가 죽었으며 물에서는 악취가 나서 이집트 사람들이 그 물을 마실 수 없게 되었고 이집트 곳곳에는 피가 있었다. [22] 그때 바로의 마법사들도 자기들의 마법으로 그와 똑같이 행하자 바로는 더욱 완강해져서 여호와의 말씀대로 그들의 말을 듣지 않고 [23] 오히려 발길을 돌려 이 일에 아무 관심도 없다는 듯이 궁전으로 들어가버렸다. [24] 그리고 이집트 사람들은 강물을 마실 수 없어서 강변 일대를 파기 시작하였다. [25] 여호와께서 강물을 치신 지도 7일이 지났다.

[1] 여호와께서 모세에게 말씀하셨다. "너는 바로에게 가서 나 여호와가 이렇게 말한다고 일러라. '너는 내 백성을 보내 그들이 나를 섬길 수 있게 하라. [2] 만일 네가 거절한다면 내가 개구리로 네 나라를 벌하겠다. [3] 개구리가 나일 강에 득실거려 네 궁전에 들어가고 네 침대 위에도 올라가며 네 신하와 백성들의 집에 들어가고 네 화덕과 떡 반죽 그릇에도 들어갈 것이며 [4] 너와 네 백성들과 모든 신하들에게 뛰어오를 것이

다'." 5 여호와께서 모세에게 다시 말씀하셨다. "너는 아론에게 지팡이 잡은 손을 강과 운하와 연못 위에 펴서 개구리가 이집트 땅에 올라오게 하라고 말하라." 6 그래서 아론이 지팡이를 든 팔을 이집트 물 위에 펴자 개구리가 올라와 그 땅을 뒤덮었다. 7 그러나 마법사들도 자기들의 마법을 써서 개구리가 이집트 땅에 올라오게 하였다(출애굽기 7장 19절~8장 7절).

이는 무엇을 의미하는가? 바로는 한 무리의 정치 참모(여기서는 마법사로 불린다)들을 마음대로 부리고 있다. 이 부분은 참모들이 바로에게 그 끔찍한 사건을 설명할 수 있음을 의미한다. 이 구절로 볼 때, 유태인들은 자신들의 신의 계획을 통찰할 만한 지적 능력이 이집트인들에게도 있다는 사실을 믿고 있음을 알 수 있다.

이는 가히 혁명적이라 할 수 있다. 이와 같은 일은 전 세계에 두 번 다시 존재하지 않는다. 오늘날에 이르기까지 거의 모든 문화는 자신들이 사는 곳의 바깥 지역에는 우둔함과 거친 폭력, 즉 야만이 지배한다는 생각을 갖고 있다. 그리스인들은 페르시아인들에게 제우스나 다른 신의 계획을 통찰할 능력이 있다고 믿지 않았을 것이다(더욱이 그리스인들은 자신들도 그리스 신들을 이해할 수 있다고 보지 않았다). 그러므로 여기서 인용된 문구들은 두 가지 점에서 주목할 만한 정신적 태도를 보여준다.

- 유태인들은 너무 관대해서, 적어도 처음에는 적에게도 자신들과 비슷한 지적 능력과 지식이 있다고 생각한다. 그리고 이 때문에 모든 것을 결정짓는, 생사를 건 싸움으로 번지고 만다.
- 높이 평가할 만한 문명을 지닌 이집트인들이 유태인의 신의 계획을 통찰하고 있는 것으로 보아 실제로 어떤 계획이 있었음을 우리는 알 수 있다. 이는 이집트에서 적어도 최초의 두 재앙이 순서대로 일어난 것이 결코 우연이 아니라는 강력한 암시가 된다.

이어서 일어난 일이 무엇인지 살펴보자. 개구리나 물고기가 떠나거나 죽어 모기나 등에를 괴롭히는 천적이 부족해진다. 이제 이들이 마구 늘어나 인간과 가축을 공격하기에 이른다(셋째와 넷째 재앙). 이제 이집트의 싱크탱크들은 어떻게 할까?

> 12 그리고서 모세와 아론은 바로 앞에서 나왔다. 여호와께서 바로에게 보내신 개구리에 대하여 모세가 여호와께 부르짖자 13 여호와께서 모세의 요구를 들어주셨다. 그러자 개구리가 집과 마당과 밭에서 나와 죽었다. 14 사람들이 개구리를 모아다가 무더기를 쌓았으므로 온 땅에 악취가 풍겼다.

15 그러나 바로는 개구리가 없어진 것을 보고 마음을 돌처럼 굳게 하여 여호와의 말씀대로 모세와 아론의 말을 듣지 않았다. 16 그러자 여호와께서 모세에게 말씀하셨다. "너는 아론에게 그의 지팡이를 들어 땅의 티끌을 치라고 말하라. 이집트 온 땅의 티끌이 이가 될 것이다." 17 그래서 아론이 지팡이를 들어 땅의 티끌을 치자 이집트의 모든 티끌이 이가 되어 사람과 짐승에게 달라붙었다. 18 마법사들도 자기들의 마법으로 이가 생기게 하려고 하였으나 그렇게 할 수가 없었다. 이가 곳곳에 득실거리자 19 마법사들이 바로에게 "이것은 하나님이 행하신 일입니다" 하고 말하였다. 그러나 바로는 여호와의 말씀대로 마음이 굳어 모세와 아론의 말을 듣지 않았다(출애굽기 8장 12~19절).

이들은 포기하고 만다. 이집트인들의 생물학적 지식이 그 정도에 이르지 못한 까닭이다. 하지만 바로는 이에 현혹되지 않는다. 강한 마음을 바꾸지 않는 것이다.

그 다음에는 어떤 일이 벌어질까? 모기와 등에는 병을 옮기는 매개체다. 말라리아 모기에게서 말라리아가 전염된다. 모기와 등에가 늘어나면 이들로 인해 질병이 늘어나는 것은 자연스런 이치다. 동물들의 경우(다섯째 재앙)처럼 사람들의 경우(여섯째 재앙)도 마찬가지다. 이처럼 우리는 약간의 생물학 지식으로 비교적 많은 진척을 보았다!

그런데 유감스럽게도 일곱째 재앙(우박)은 지금까지 내린 재앙으로 설명되지 않는다. 하지만 여덟째 재앙인 메뚜기 떼의 공격은 설명이 가능할지 모른다. 물고기와 개구리가 죽자 왜가리와 따오기는 먹이를 구하기 어려워진다. 이들이 가장 좋아하는 먹이가 이제 존재하지 않거나 중독되었기 때문이다. 이런 새들은 예나 지금이나 메뚜기를 막아주는 최상의 동물들이다. 왜가리와 따오기가 줄어들면 메뚜기들이 무한대로 늘어나서 온 나라를 뒤덮고 만다. 고대 이집트에서 따오기가 신으로 숭배된 것도 이 때문이다. 왜가리나 따오기가 전혀 없거나 줄어들면 다소 시간이 걸리기는 하겠지만, 메뚜기 떼로 인한 재앙이 일어날 가능성이 매우 커진다.

아홉째와 열째 재앙은 앞의 여덟 가지와 전혀 관계가 없다. 마침내 바로가 스스로 포기하고 마는 것 같다. 이제 유태인들은 이집트를 떠나 약속의 땅인 가나안으로 갈 수 있다.

그래도 아직 하나의 질문이 남는다. 이집트 재앙이 순서대로 일어난 것이 혹시 우연이 아닐까? 사실 신이 생물학에 의거해 행동을 하는 것은 아니다. 생물학적으로 설명한 재앙의 순서가 우연히 규정되었다는 확률을 생물 계측법에 따라 계산할 수 있다. 이는 $1:7$이므로 $1:5040$에 달한다.

자연과학에서 하나의 가설을 연구하면 우연에 지나지 않을 확률을 계산해낼 수 있다. 실험에 관한 통계적 평가 이론인 생물 계측법에서 틀렸다는 확률이 5퍼센트(0.05)보다 작으면 그 결과를 옳은 것으로 간주한다. 따라서 첫째에서 여섯째까지와 여덟째 재앙이 이러한 순서대로 일어난 것이 우연이 아니라는 가설을 내세운다면, 우연일 확률이 1만 분의 2(0.0002)에 달한다. 분명 5퍼센트보다 더 작다. 모든 자연과학 잡지를 통해 이 가설을 수월하게 헤쳐나갈 수 있다. 이 부분을 기록한 성서 작가에게는 재앙이 어떤 순서로 일어났는지가 분명 중요한 문제였다. 심지어 사람들은 다음과 같은 명제를 내세우고 싶은 마음이 들 수도 있을 것이다.

'모세와 아론은 드문 자연 재앙을 이용했다. 이들은 이집트인들을 설득하기 위해, 그리고 이스라엘 백성을 해방시키기 위해 우월한 생물학 지식으로 자연 재앙을 잘 설명할 수 있었다'라고.

신학에서는 이 모든 게 그리 중요하지 않다. 이들에게는 신의 우월성이 주된 문제고, 이 순서는 종속적인 역할을 할 뿐이다. 물론 극적인 효과를 내기 위해 최악의 재앙이 마지막에 일어난다. 이번에는 신약성서에서 재앙이 언급되는 부분을 살펴보자. 요한계시록에는 일곱 가지 재앙이 거론된다.

1. 인간들이 병에 걸린다.
2. 대양의 물이 피로 물든다.
3. 샘과 강이 피로 물든다.
4. 태양이 땅을 황무지로 변하게 한다.
5. 암흑
6. 유프라테스 강이 마른다. 개구리의 침공이 이와 관련된다.
7. 지진

여기에는 어떤 생물학적인 연관성이 보이지 않는다. 즉 저자에게는 세상의 몰락을 묘사하는 것이 중요하지, 생물학적 연관성은 그리 중요하지 않기 때문이다(이에 대한 이유는 12장에서 살펴볼 것이다).

## 야곱, 라반 그리고 멘델

야곱과 라반의 이야기는 창세기 30장에 나온다. 요셉의 아버지 야곱은 유태인의 시조 중 한 명이다. 그는 유태인이 아니라 바빌로니아인 라반의 집에서 일한다. 야곱은 가축을 돌보는 일을 하며 지낸다. 라반은 야곱한테 친절하기는커녕 어떻게 하면 더 많이 부려먹을 수 있을까 생각한다. 라반은 야곱이 자신의 딸 라헬에게 반한 것을 알고 7년 동안 자기를 위해 일하면 딸을 주겠다고 약속한다. 야곱에게 사랑은 그럴 만한 가치가 있었다. 드디어 7년이 지나 첫날밤을 치른 후, 야곱은 라헬이 아니라 장녀 레아와 결혼한 것을 알게 된다. 야곱이 분노하자 라반은 동생을 언니보다 먼저 시집보내는 것은 풍습에 어긋나는 일이라고 둘러대며, 다시 7년 동안 일하면 라헬을 주겠다고 회유한다. 당시 유태인은 아내를 여러 명 거느릴 수 있었다(레아가 이 모든 일에 대해 어떻게 생각하든 라반은 분명 관심이 없다).

그러는 동안 야곱은 언젠가 가족을 부양할 수 있도록 자신의 가축 기르는 것을 허락받았다. 당시 유태인들은 대부분 유목민이라 가축 떼가 유일한 생계 수단이었다. 신의 은총을 받고 있는 야곱의 가축 떼는 라반의 가축 떼와는 달리 눈에 띄게 늘어갔다. 그러자 라반의 아들들은 야곱이 라반의 양떼보다 자신의 양떼에 더 신경 쓴다고 의심하기 시작한다. 야곱은 라반 일족에게 한 가지 제안을 한다. 소설가 토마스 만은 장편소설 『요셉과 그의 형제들』에서 그 제안에 대해 이렇게 쓰고 있다.

> 그것은 점박이 양에 관한 유명한 이야기였다. 우물가나 화롯가에서 수천 번이나 다시 이야기되고, 명민하고 꾀 많은 목자의 교묘한 수완을 지닌 야곱을 기려 수천 번이나 노래로 찬미되고, 아름다운 대화로 바뀌었다… [14]

성서에서는 이 이야기를 다음과 같이 들려준다.

> 25 라헬이 요셉을 낳은 후에 야곱이 라반에게 말하였다. "이제 고향으로 돌아가고 싶습니다. 26 내가 외삼촌을 위해 일한 대가로 얻은 내 처자들과 함께 떠나게 해 주십시오. 내가 외삼촌을 위해서 어떻게 일했는지는 외삼촌이 잘 아십니다." 27 "너 때문에 여호와께서 나를 축복해주셨다는 사실을 나는 경험을 통해서 잘 알고 있다. 네가 나를 좋게 여긴다면 그대로 머물러 있거라. 28 보수를 얼마나 주면 좋겠는지 말해 보아라. 내가 얼마든지 주겠다." 29 "내가 외삼촌을 어떻게 섬겼으며 외삼촌의 짐승을 어떻게 보살폈는지 외삼촌이 잘 아십니다. 30 내가 오기 전에는 외삼촌의 재산이 얼마 되지 않았는데 이제는 재산이 무척 많아졌습니다. 여호와께서 내 발길이 닿는 곳마다 외삼촌을 축복하셨습니다. 그러나 나는 언제나 내 가족을 위해서 일해야 합니까?" 31 "내가 너에게 무엇을 주면 되겠느냐?" "당장 무엇을 주실 필요는 없습니다. 하지만 외삼촌께서 내가 제시하는 조건을 승낙하신다면 계속 외삼촌의 양떼를 먹이고 지키겠습니다. 32 오늘 내가 외삼촌의 짐승 가운데서 검은 양과 얼룩덜룩하고 점이 있는 양과 염소를 가려낼 테니 앞으로 그런 것이 나오면 내 삯이 되게 해주십시오. 33 내가 정직한지 않은지에 대해서는 쉽게

알아보는 방법이 있습니다. 외삼촌께서 오셔서 내 품삯을 조사하실 때 얼룩덜룩하지 않고 점이 없는 양과 염소가 있거나 검지 않은 양이 있으면 그것은 훔친 것으로 생각하셔도 좋습니다." 34 그래서 라반은 "좋다. 내가 네 제안대로 하겠다" 하고 35 바로 그날 얼룩덜룩한 무늬가 있거나 흰 반점이 있는 염소와 검은 양들을 가려내어 자기 아들들에게 맡기고 36 자기 짐승과 야곱의 짐승 사이에 사흘 길의 간격을 두었다 (창세기 30장 25~36절).

라반은 야곱의 제안에 동의한다. 물론 이는 실수였다. 야곱은 라반에게서 철저하게 우려낼 작정이었기 때문이다. 그는 어떤 방법을 썼을까?

37 그러나 야곱은 버드나무와 살구나무와 플라타너스 가지를 꺾어서 흰 줄무늬가 생기도록 여기저기 껍질을 벗겨 38 가지들을 양들의 물구유에 갖다 두어 양들이 물을 먹을 때 정면으로 그 가지들을 볼 수 있게 하였다. 양떼가 물을 먹으러 와서 39 그 가지 앞에서 새끼를 배므로 줄무늬가 있거나 얼룩덜룩하고 점이 있는 새끼를 낳았다. 40 야곱은 자기 양과 라반의 양을 구분하여 서로 섞이지 않게 하였다(창세기 30장 37~40절).

자연과학 저서를 쓴 몇몇 저자들은 야곱을 다윈주의의 선구자 라마르크에 의해 시작된 진화론의 초기 신봉자라고 말한다. 장 바티스트 라마르크(1744~1829)는 생물체와 그 후손의 외모가 주위 환경에 따라 변한다고 가르쳤다. 성서의 문맥을 보면 이러할지도 모른다. 햇빛이 막대기를 통해 염소의 가죽에 드리우는 무늬가 나중에 그의 후손에게서 발견될지도 모른다. 하지만 이는 분명 터무니없는 말이고, 유태인의 생물학적 지식을 과소평가하는 것이다. 게다가 성서에는 이에 대해 아무런 언급도 없다.

토마스 만은 야곱의 계획의 깊은 의미에 대해 곰곰 생각한다. 그는 야곱이 이런 제안을 한 까닭을 흰 동물에 비해 점박이 동물이 생산력이 월등하다는 사실에서 찾는다.

> 하지만 점박이 동물이 흰 동물보다 색을 밝히고 생산력이 뛰어나다는 사실을 두 사람(야곱과 라반)은 서로 흥정할 때 정확히 알고 있었다. 라반은 조카의 기술과 뻔뻔한 요구에 기가 꺾여 놀라움과 존경심으로 그렇게 하자고 했다. [15]

여기서 야곱이 훨씬 더 영리하다는 사실을 알 수 있다. 정확한 관찰자였던 야곱은 유전이 어떻게 이루어지는지 알고 있었던 것이다.

가죽의 검은빛은 피부에 형성되는 멜라닌 색소를 통해 나타나는 현상이다. 동물들은 이러한 색소를 만들어내기 위한 생화학적 특성을 지니고 있을 가능성이 있다. 그러면 가죽은 적어도 부분적으로는 검다. 이들에게 이러한 특성이 없을 경우에는 희다. 유전학에 따르면 두 가지 가능성, 즉 대립 유전자를 나타내는 유전자가 문제가 된다. 희고 검은 동물들은 검은 동물들이 멜라닌 색소의 생산을 유발하는 우성 대립 유전자를 지닌 것으로 구별된다. 흰 동물들은 멜라닌 합성을 위한 정보가 없기 때문에 열성 유전자를 지니고 있다. 새로 태어난 동물은 수컷이나 암컷에게서 각각 희거나 검은 대립 유전자를 물려받는다. 이 대립 유전자들을 멘델처럼 a 혹은 A로 부르자. 여기에는 세 가지 가능성이 있다.

1. 대립 유전자 조합 aa를 지니고 있다. 그 동물은 희다. 이것은 후손에게 a만을 물려준다. 즉 흰 가죽을 만드는 소인(素因)을 물려준다.
2. 대립 유전자 조합 AA를 지니고 있다. 그 동물은 검다. 이것은 후손에게 대립 유전자 A만을 물려준다. 즉 검은 가죽을 만드는 소인을 물려준다.
3. 대립 유전자 조합 aA(혹은 Aa)를 지니고 있다. 이 동물도 검다. 대립 유전자의 절반만 멜라닌 색소 정보를 지니고 있으

면 검은 가죽을 만들기에 충분하다. 이 동물은 자신의 후손에게 a 혹은 A 유전자를 물려준다. 그러므로 두 가지 대립 유전자에게 확률이 똑같이 높다.

한 유전자에 두 가지 동일한 대립 유전자를 갖고 있는 동물을 동형 접합(reinerbig)이라 하고, 상이한 대립 유전자를 갖고 있는 것을 혼합 접합(mischerbig)이라고 한다.

두 동물이 서로 짝짓기를 해서 후손을 낳으면 어떤 일이 벌어질까? 멘델의 법칙에 따르면 다음과 같은 가능성이 있다.

1. 흰 동물끼리 짝짓기를 한다. 대립 유전자 조합의 가능성, 즉 유전은 다음과 같다.

|   | a | a |
|---|---|---|
| a | aa | aa |
| a | aa | aa |

한쪽 부모 동물의 대립 유전자는 수평으로 배열되어 있고, 다른 쪽 부모 동물의 대립 유전자는 수직으로 배열되어 있다. 양부모는 유전자 조합 aa를 지니고 있다. 따라서 후손은 모두 희다. 그리고 모두 검은 동물이 AA를 지니고 있을 때, 동형 접합의 검은 동물끼리 짝짓기를 하면 이와 유사한 일이

생긴다.

2. 어떤 흰 동물이 동형 접합의 검은 동물과 짝짓기를 한다. 그 결과 다음과 같은 대립 유전자 조합이 일어난다.

|   | a | a |
|---|---|---|
| A | Aa | Aa |
| A | Aa | Aa |

이 경우 후손은 100퍼센트 검다.

3. 어떤 흰 동물이 혼합 접합의 검은 동물과 짝짓기를 하면 그 결과는 다음과 같다.

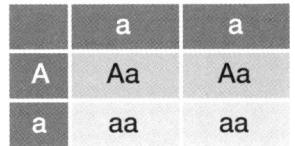

즉 후손의 50퍼센트는 희고, 50퍼센트는 검다.

4. 혼합 접합의 검은 동물이 짝짓기를 할 경우는 다음과 같다.

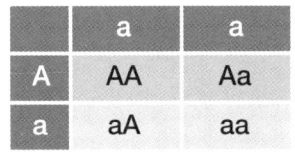

즉 후손의 25퍼센트는 희고, 75퍼센트는 검다.

5. 어떤 혼합 접합의 검은 동물이 어떤 동형 접합의 검은 동물과 짝짓기를 하면 다음과 같다.

|   | A  | a  |
|---|----|----|
| A | AA | Aa |
| A | AA | Aa |

이 경우 후손은 100퍼센트 검다.

이제 편의상, 처음의 가축 떼에서 가능한 모든 유전자 조합들이 같은 수로 존재한다고 보면 후손이 희고 검을 확률을 계산할 수 있다. 라반은 흰 후손만을 차지하는데, 이 비율은 29퍼센트다. 반면에 야곱은 71퍼센트를 가져 라반보다 두 배 이상의 새끼 양을 차지하는 셈이다! 야곱이 자신의 양과 라반의 양이 섞이지 않도록 한다면 야곱에게 더욱 유리해진다. 왜냐하면 그는 시간이 흐름에 따라 자기 양이 검은 양이나 얼룩덜룩한 양을 가질 것을 확신하기 때문이다. 그러므로 이는 토마스 만의 추측과는 반대가 된다.

이제부터는 똑같이 절반은 아니라 할지라도 주인과 머슴 사이에 사육하는 동물을 나누는 게 문제가 되었다. 왜냐하면

양은 대부분 흰색이었고, 일부만이 얼룩덜룩한 양이었기 때문이다... [16), 17)]

그러므로 라반이 야곱의 흥정에 동의한 것은 어리석은 일이었다. 당시 양치기들은 새로 태어난 양의 8~12퍼센트를 보수로 받았기 때문이다. 라반은 야곱보다 유전자 지식이 훨씬 부족해 많은 손해를 본 셈이다.

결국 야곱이 허겁지겁 도망치는 것으로 보아 라반 일가가 나중에 사기당한 것을 눈치 챈 것 같다. 라반은 야곱을 죽이기 위해 추적한다. 그리고 '결투'가 벌어진다. 어쩌면 야곱과 라반의 대화가 영화 '대부'에 쓰였을지도 모르겠다. 이는 창세기 31장에서 읽을 수 있다.

이제 여러분들은 이렇게 말할 수도 있을 것이다. 유태인들은 그때 벌써 멘델의 법칙을 알고 있었단 말인가? 분명 멘델의 정확한 법칙은 아니더라도 그러한 종류의 법칙은 알고 있었을지 모른다. 모세 5경은 대부분 바빌로니아 유배 상태에서 쓰였고 읽혔음을 잊어서는 안 된다. 야곱과 라반의 이야기는 당시 유태인들은 다 알고 있었다. 토마스 만이 '수천 번이나 들려주던 이야기'라고 쓴 것은 옳은 말이다. 유태인이 이 이야기를 좋아하는 이유는 야곱이 바빌로니아인 주인에게서 착취와 사기를 당했음에도 불구하고 대단히 지적인 방법으로 복수한다는 통쾌한 사실 때문일 것이다. 바빌로니아에서 유배 상태로 있던 유태인들은 야곱과 라반의 이야기를 들으며 힘과 지적 능력을 통해 힘 있는 자에게 대항해서 승리할 수 있다는 확신을 가졌을 것이다. 이 이야기를 제대로 평가하려면 여기에 적용된 속임수도 이해해야 한다. 이 때문에 야곱이 쓴 술수의 배후에 어떤 우월성이 숨어 있는지 유태인이 이 시기에 알았다는 사실을 우리가 전적으로 신뢰할 수 있는 것이다. 유태인들은 유전학에 대해서도 어렴풋이나마 알았을지 모른다. 그래서 이 부분을 쓴 성서 작가들은 성서를 읽는 독자들이 이 점을 알고 있음을 전제로 했을 수 있다.

# 3_ 약속의 땅

이스라엘인들은 비교적 오랫동안 미적거리다가 결국 이집트를 떠나게 된다. 이들은 '젖과 꿀이 흐르는' 약속의 땅으로 들어간다.

이 표현은 성서의 다른 구절처럼 상투적 문구가 되었다. 오늘날 독자들은 이 땅을 전설상의 천국이라고 생각한다. 이스라엘인들은 자신들이 그곳에 살 수 있게 된 것을 행운이라 여겨도 되겠다. 왜냐하면 그곳에는 모든 것이 넘쳐흐르기 때문이다. 1979년 그랑프리를 받았던 이스라엘의 첫 록 밴드 이름이 '젖과 꿀'인 것은 이런 이유 때문이다. 그렇지만 이런 배은망덕한 백성들은 무슨 일을 하는가? 이들은 다음과 같이 불만을 늘어놓는다.

> 2 이스라엘 백성이 그 광야에서 모세와 아론을 원망하며 3 이렇게 말하였다. "우리가 이집트에서 여호와의 손에 죽었더라면 좋을 뻔했습니다. 거기서 우리는 고기와 빵을 배불리 먹을 수 있었는데 당신들이 우리를 이 광야로 끌어내어 우리가 모조리 굶어 죽게 되었습니다."(출애굽기 16장 2~3절)

이러한 내용이 여러 구절에 걸쳐 이어진다. 현대의 관찰자에게는 이런 반응이 도무지 이해가 안 된다. 이스라엘 백성들은 오히려 감사의 뜻을 표해야 했다. 이들은 광야를 통과하지만 결국 '젖과 꿀이 흐르는' 땅에 들어가게 된다!

그렇다, 바로 그대로다. 그런데 이게 문제다.

유명한 화가들에게 천국의 풍경을 그리도록 영감을 준 성서의 이 구절들은 일반적으로 생각하는 것과 전혀 다른 의미를 지닌다. 다음 인용문을 살펴보자.

> 8 "그러므로 여러분은 오늘 내가 여러분에게 명령하는 모든 것을 지키십시오. 그러면 여러분이 힘을 얻어 요단강을 건너가서 여러분이 들어갈 땅을 점령하게 될 것입니다. 9 그리고

여호와께서 여러분의 조상들에게 약속하신 기름지고 비옥한 땅에서 여러분이 길이길이 복을 누리며 살게 될 것입니다(신명기 11장 8~9절).

이는 세부적으로 무엇을 뜻하는가?

유태교 신학자와 기독교 신학자가 이 구절에 대해 수없이 해석한 내용을 여기서 되풀이할 생각은 없다. '젖과 꿀'이라는 표현은 이 땅이 생태학적으로 상당히 황폐해졌음을 보여주는 것이 확실하다. '젖'은 때때로 몇몇 유목민이 염소나 양을 이끌고 지나감을 의미한다. '꿀'은 야외에 사는 야생벌에서 꿀을 채취할 수 있음을 말해준다. 이를 비교하기 위해 이사야의 한 구절을 참조하면 좀더 분명해진다.

14 그러므로 여호와께서 직접 너희에게 표적을 주실 것이다 : 처녀가 임신하여 아들을 낳을 것이며 그의 이름을 '임마누엘'이라 부를 것이다. 15 이 아이가 선악을 분별하게 될 때버터와 꿀을 먹을 것이며 16 그가 선악을 분별하기 전에 너희가 두려워하는 두 왕의 땅이 황폐해질 것이다(이사야 7장 14~16절).

21-22 그때 살아남은 자들이 가진 것이라고는 암소 한 마리와

양 두 마리 정도밖에 되지 않을 것이나 온 땅에는 풀이 무성하여 그것들이 젖을 많이 내므로 소수의 생존자들은 버터와 꿀을 먹고 살 것이다. 23 그때에는 은 11.4킬로그램 가치의 포도나무 1,000주가 있는 좋은 포도원에도 가시와 찔레로 뒤덮일 것이며 24 사람들은 활을 가지고 그리로 가서 사냥할 것이다. 이와 같이 온 땅이 가시와 찔레로 뒤덮일 것이며 25 한때 갈아서 농사를 짓던 야산에는 가시덤불로 뒤덮여 사람이 그리로 가지 못할 것이며 소나 양들이 거기서 풀을 뜯어먹게 될 것이다(이사야 7장 21~25절).

여기서 버터(=젖)와 꿀은 이 땅이 버려져 텅 비어 있다는 의미로 쓰인다. 미래가 더는 장밋빛으로 보이지 않는다. 그러니 유태인들이 한탄하는 것도 충분히 수긍할 만하다. 첫 구절을 읽으면 특히 그렇다. 당시 이 나라에는 자라는 것이 없었기 때문이다. 이와 정반대로 재건 사업이 통고되었다.

13 오늘 내가 여러분에게 명령하는 모든 것을 충실히 지키고 여러분의 하나님 여호와를 사랑하며 마음을 다하고 정성을 다하여 그분을 섬기면 14 여호와께서 여러분의 땅에 철을 따라 적당한 비를 내려 곡식과 포도주와 감람기름이 풍족하게 하시고 15 여러분의 가축을 위해 풀을 자라게 하실 것입니다.

> 그리고 여러분에게는 먹을 것이 풍부할 것입니다(신명기 11장 13~15절).

이집트에서처럼 간단한 일이었다면, 이런 조건에서 일하는 것이 그럭저럭 가능했을지 모른다. 이집트에서는 나일 강이 주된 일거리를 제공해주었다. 씨를 뿌리고 나중에 거두기만 하면 되었던 것이다. 하지만 유감스럽게도 유태인들은 운이 좋지 않았다.

> 10 여러분이 들어가서 점령할 땅은 여러분이 전에 살던 이집트 땅과 같은 것이 아닙니다. 거기서는 여러분이 밭에 물을 대느라고 많은 고생을 하였습니다. 11 그러나 여러분이 들어가 차지할 땅은 빗물을 흡수할 수 있는 산과 계곡이 많은 땅이며 12 여러분의 하나님 여호와께서 1년 내내 보살피고 지켜 주시는 땅입니다(신명기 11장 10~12절).

하나님이 이 땅을 늘 지켜보는 것은 마음을 든든하게 해주지만, 그렇다고 들판에서 고된 노동을 하지 않아도 되는 것은 아니다. 약속의 땅이 마치 광고 문안처럼 묘사됨에도 불구하고, 유태인들은 그 여행이 낙원으로 가는 여행이 아님을 분명 알고 있었다. 그러므로 이들이 불평을 토로한 것은 충분한 이유가 있는 셈이다.

이제 성서에서 잠깐 눈을 떼고 유태인의 땅을 현대의 생태학적 시각에서 바라보자. 이렇게 생성된 땅은 성서에 기술된 것처럼 마키(Machie, 덤불만 자라는 경우)나 가리그(Garrigue, 주로 나무들이 자라는 경우)로 지칭된다. 이는 사실 에덴 낙원이 아니라 고된 노동을 통해서만 열매를 거둘 수 있는 땅이다. 하지만 그렇게 해도 입에 풀칠하며 근근이 살아갈 수 있을 따름이다. 겨울을 넘기면서 비가 거의 오지 않아 작황이 나쁠 위험이 늘 존재한다. 그리고 땅을 지나치게 이용하면 금방 황무지로 변할 수도 있다. 이에 대해 유럽 공동체 프로젝트의 최종 보고서 「지중해 연안의 사막화와 땅의 이용」을 보면, 지중해 연안 국가들을 연구한 생물 기상학자들은 다음과 같이 진술하고 있다.

> 이와 같은 기상 조건에서는 토양이 퇴화할 위험성이 다분하다. 사막화는 일차적으로 기후를 통해 야기되는 게 아니라 땅의 이용과 관련해 사회 각계각층에서 내리는 결정을 통해 야기된다. 하지만 기후는 어떤 결정으로 말미암아 급기야 토양의 생산성을 파괴시키는 일련의 사건에 영향을 미친다. [18]

3000년 전에도 사정은 이와 마찬가지였다. 유태인들이 이러한 땅에 살아야 했던 유일한 민족은 아니다. 하지만 이들은 무겁게 짓누르는 불리한 점들을 잘 처리해나가야 했다.

첫째 불리한 점은 부족의 크기였다. 부족의 수가 적을 때는 자연에 대해 아무런 역할을 하지 못한다. 적은 수로는 자연을 많이 망가뜨리지 않기 때문이다. 하지만 유태인의 숫자는 늘 너무 많아서 자연에 영향을 미치지 않을 수 없었다.

둘째 불리한 점은 이들이 살던 장소였다. 그런 지역에서 산 다른 민족은 유목민이었다(지금도 그렇다). 이들은 먹을 게 없어지면 다른 곳으로 옮겨가는데, 이들이 원래 살던 곳으로 돌아올 때까지는 많은 시간이 걸렸기 때문에 그동안 자연이 복원될 수 있었다. 그러나 유태인에게는 이러한 가능성이 없었다. 이들 주위엔 이미 다른 민족이 살고 있었으며, 주변은 황무지였다. 이웃 민족들은 유태인보다 전쟁 수행 능력이 뛰어났고, 유태인이 자기네 땅으로 넘어오는 것을 달가워하지 않았다. 이때 오늘날 이스라엘의 영토가 당시의 유태인 거주지와 일치하지 않는다는 사실을 염두에 두어야 한다. 당시 유태인은 오늘날의 서요르단 지역에서 살았다. 오늘날 텔아비브가 위치하고 있는, 비옥한 그 연안 지역은 페니키아인 등 다른 민족들의 소유지였다. 유태인도 그곳에 살고 싶은 마음이 간절했을 것이다. 하지만 계속 시도했음에도 불구하고 이 지역을 정복할 수 없었다. 그러므로 유태인들은 좋든 싫든 당시 그 땅에서 어떻게든 살아가야 했다.

이런 조건에서 살 수밖에 없는 민족에게 어떤 일이 벌어질까? 여러 가지 예를 통해 제법 정확히 알 수 있는데, 우선 민족의 대가 끊긴다. 그러한 생활 조건에서 한 민족이 문화적으로 살아남을 기회는 많지 않다. 사람들이 죽거나, 자원이 고갈됨으로써 고도의 문화를 포기하고 다시 유목민으로 살아갈 수밖에 없다. 또 다른 민족과 섞이게 된다. 마야나 아메리카 대륙을 발견하기 전의 푸에블로 인디언과 같은 몇몇 인디언 문화들이 이런 이유로 붕괴되어 오늘날까지 회복되지 못하고 있다. 이 점에 대해서는 11장에서 보다 자세히 살펴볼 것이다.

이와 같은 사정으로 볼 때, 예수가 탄생하기 전에도 유태인이 존재했다는 사실은 무척 놀라운 일이다. 우리가 말하는 것만큼이나 생각하는 것도 마찬가지다. 자연이 파괴되기 쉽다는 것을 알고 있거나 이에 대비하는 자세가 되어 있으면 몰라도, 한 민족이 앞에서 묘사한 상황에서 살아남는다는 것은 무척 어려운 일이다. 그러나 준비가 되어 있다면 그런 지역에서도 탁월하게 살아갈 수 있다. 과연 유태인들은 어떻게 했는지 다음 장에서 살펴보자.

# 4_ 땅의 이용

 이미 묘사했듯이 유태인이 들어간 약속의 땅은 결코 낙원이 아니었다. 그렇다고 황무지도 아니었다. 이 땅에서 무언가를 만들어낼 수 있었다. 그러나 다음과 같은 사실에 유의해야 했다.

▸ 강이 범람해야만 땅에 침적토와 이로 인한 영양분이 공급된다. 수목이 자랄 수 있는 부식질 토양층이 자동적으로 형성되는 것은 아니다. 그러므로 부식질 토양을 만들어서 보존해야 한다. 땅이 지나치게 이용되지 않도록 늘 신경 써야 한다. 게다가 거름도 줘야 한다.

- 전체 강우량은 농사짓기에 그런 대로 충분하지만, 농작물이 자라는 시기에 고르게 내리지 않는다. 이는 땅이 한동안 물을 품을 수 있어야 함을 의미한다.
- 너무 빨리 사막화가 진행되기 때문에 땅의 부식을 미연에 방지해야 한다. 이것은 경작지를 계단식으로 조성함으로써 달성할 수 있다. 게다가 대대적으로 벌목을 해서도 안 된다.

이 모든 점에서 유태인은 성공적이었다. 그러는 사이에 수확량도 엄청 늘어났다.

- 카를 대제 시대에는 수확량이 파종한 씨앗의 60퍼센트를 겨우 넘기는 정도였다. 이 말은 이듬해에 같은 수확을 거두기 위해서는 수확한 양의 3분의 2를 다시 파종해야 한다는 뜻이다!
- 19세기 초에 유럽의 수확량은 씨 뿌린 곡식의 300퍼센트를 넘는 정도였다.
- 북쪽의 네게브 사막에서 발견된 니차나(Nitzana) 두루마리 문서를 통해, 고대 이스라엘에서는 수확량이 파종 씨앗의 600퍼센트가 넘었음을 알 수 있다. 수확량이 이보다 많은 지역이 있었을지도 모른다. 그러나 유럽 지역에서는 대부분 20세기 초까지도 이러한 비율에 도달하지 못했다.

그러나 이것말고도 유태인의 삶을 힘들게 한 성가신 것들이 있었다. 예를 들어, 모기나 파리를 통해서 전염되는 말라리아 같은 질병들이다. 우리는 오늘날 아프리카나 아시아에 말라리아가 남아 있다는 것은 생각하면서도 제2차 세계대전이 끝날 때까지 전 유럽에 말라리아가 퍼져 있었다는 사실은 거의 의식하지 못한다. 이탈리아와 스페인에서는 40년대 말부터 DDT를 대량 살포하고 습지의 물을 뺀 뒤에야 비로소 말라리아를 막아낼 수 있었다. 예전의 이스라엘은 말라리아가 창궐할 수 있는 지역이었다. 여기에다 2장에서 언급한 메뚜기 떼 재앙과 같은 자연 재해를 통한 위협도 있었다.

이러한 사실은 유태인들이 늘 나락의 언저리에서 살았음을 의미한다. 나일 강의 삼각주 지역에서 살았던 이집트나 다른 문화 민족과는 사정이 달랐다. 그곳은 자연의 혜택이 넘쳐나 농작물을 재배하는 데 있어서 미래를 걱정할 필요가 없었다. 물이 규칙적인 간격으로 차고, 모든 게 범람한다. 그러면 다시 새로 시작할 수 있다. 그러나 이스라엘에서는 한번 땅이 지나치게 이용되면 말할 수 없는 어려움을 겪어야 했고, 오랜 세월이 흐른 뒤에야 회복되어 다시 이용할 수 있었다. 비가 너무 많이 내려도 커다란 위험이 따른다. 넘쳐흐르는 물이 비옥한 땅을 휩쓸고 지나가 돌멩이만 남기 때문이다. 이러한 생태 시스템은 극히 불안정하다. 땅이 다시 사막으로 변하고 힘들여 건설한 모든 것이 파괴될 위험이 늘 존재한다. 유태인들이 생태학적인 규칙을 엄격히 지킨 것은 생존이 걸린 문제였기 때문이다.

# 5_ 생태학적인 규칙의 엄수

고대 이스라엘 같은 지역을 과도하게 이용하면 어떤 일이 일어날까? 모든 땅을 경작하고, 사방에 건물을 짓고, 오늘날 자연보호 지역이라 칭할 만한 공간을 남겨두지 않는다면 어떤 일이 벌어질까? 이사야에 이런 구절이 있다.

⁸ 집과 땅을 계속 사들여 다른 사람이 살 공간도 남기지 않고 혼자 살려고 하는 사람에게 화가 있을 것이다. ⁹ 전능하신 여호와께서 나에게 이런 말씀을 들려주셨다. "크고 호화로운 수많은 집들이 폐허가 되어 사람이 살지 않을 것이며

¹⁰ 약 40,000평방 미터의 포도원에 겨우 포도주가 22리터밖에 나오지 않을 것이요, 한 말의 씨를 뿌려도 곡식은 한 되밖에 나오지 않을 것이다."(이사야 5장 8~10절)

땅에서 많은 것을 거둬들이려 하고, 빈터에 건물을 가득 지으면 처음에는 뭔가 얻을 수 있을지 모른다. 하지만 결국 자연이 무자비하게 반격을 가해, 땅은 황폐해지고 더는 아무것도 수확하지 못하게 된다. ¹⁹⁾

경작 가능한 땅도 지나치게 이용될 수 있다. 이 때문에 유태인에게는 엄격한 규칙이 적용되었다.

규칙 1 같은 땅에 올리브나무나 포도나무와 같은 다년생 식물을 함께 심어서는 안 되고, 곡물 같은 1년생 식물은 심어도 된다. 이렇게 하면 토양이 지나치게 황폐해지는 것을 막을 수 있다. 성서의 두 곳에서 이와 관련된 부분이 발견된다.

> 너희는 내가 명령한 것을 그대로 지켜야 한다. 너희는 종류가 서로 다른 가축끼리 교배시키지 말고, 한 밭에 서로 다른 종자를 섞어 뿌리지 말며, 종류가 다른 실로 섞어서 짠 옷도 입지 말아라(레위기 19장 19절).

생태학적인 규칙의 엄수

여러분은 포도원에 다른 작물을 재배하지 마십시오. 만일 그렇게 하면 여러분이 그 작물과 포도를 다 제사장에게 압수당할 것입니다(신명기 22장 9절).

**규칙 2** 나무가 열매를 맺는 첫 3년 동안에는 열매를 먹어서는 안 된다. 형성된 유기물질의 총량을 생태 시스템에 빼앗기지 않고 부식질로 변하도록 하기 위해서다. 이렇게 하면 물을 저장할 정도로 충분한 부식질 층이 형성된다. 이 기간 동안 나무는 충분히 크고 튼튼해져서 지속적인 수확이 가능해진다. 이렇듯 보호 기간을 두면 수확량은 더 늘어난다. 성서에는 이렇게 적혀 있다.

> 23 너희가 가나안 땅에 들어가 과일 나무를 심거든 첫 3년 동안은 그 과일을 부정한 것으로 여겨 먹지 말아라. 24 4년째에는 그 모든 과일을 감사와 찬양의 예물로 나에게 바쳐야 한다. 25 그러나 5년째에는 너희가 그 과일을 먹어도 좋다. 너희가 이대로 하면 너희 과일 나무가 풍성한 열매를 맺을 것이다. 나는 너희 하나님 여호와이다(레위기 19장 23~25절).

**규칙 3** 모든 규칙 중 가장 믿기 어려운 것이 안식년 규칙이다. 이 규칙은 성서에 두 번 나온다.

¹⁰ 너희는 6년 동안만 너희 땅에 파종하여 수확을 거두고 ¹¹ 7년째 되는 해에는 땅을 갈지 말고 묵혀두어라. 거기서 저절로 자라는 것은 가난한 사람들이 먹게 하고 남은 것은 들짐승이 먹게 하라. 그리고 너희 포도원과 감람원에도 그렇게 하라(출애굽기 23장 10~11절).

¹⁻² 여호와께서는 시내산에서 모세를 통하여 이스라엘 백성에게 이렇게 말씀하셨다. "너희는 내가 주는 땅에 들어가거든 7년마다 한 해씩 땅을 묵혀 나 여호와 앞에서 안식년으로 지켜라. ³ 너희가 6년 동안은 밭에 파종을 하고 포도원을 가꾸어 포도를 낼 것이나 ⁴ 7년째에는 땅을 완전히 묵혀 나 여호와 앞에서 쉬도록 하라. 이 해는 안식하는 해이므로 밭에 씨를 뿌리거나 포도원을 가꾸어서는 안 된다. ⁵ 너희는 저절로 자란 곡식을 추수하지 말며, 가꾸지 않은 포도나무에서 저절로 맺은 포도송이라도 거두어들이지 말아라. 이것은 땅을 위한 안식년이기 때문이다. ⁶ 그리고 안식년에 밭에서 저절로 자란 농산물은 너희와 너희 종들과 너희가 고용한 품꾼과 너희 중에 사는 외국인과 ⁷ 너희 가축과 들짐승이 자유로이 먹게 하라(레위기 25장 1~7절).

이것은 정말 말도 안 되는 일이다. 알다시피 천수백 년 뒤에 살았던 카를 대제가 독일 민족에게 7년에 한 번씩 수확하지 말라는 명령을 했다고 생각해보자. 앞에서 말한 수확고로 미뤄보면 이러한 햇수를 따른 민족이 없었음이 분명하다(보다 이전에는 카를 대제 같은 황제가 없었을 것이다). 그러나 유태인은 이 규칙을 엄수해 7년에 한 번씩 수확하지 않은 것이다!

이러한 규정은 토양을 복원시키고 부식질 층을 보충하는 데 도움이 되었다. 이와 같은 이유로 중세에도 삼포식 경작이 있었다. 이제 여러분들은 이런 의문을 갖게 될지도 모르겠다. 유태인이 안식년을 지킨 것은 정말 생태학적인 이유 때문이었을까? 물론 종교적인 이유 때문일 수도 있다. 하지만 안식년은 시골에서만 지켰기 때문에 이는 설득력이 없다. 도시에서는 안식년을 지키지 않았던 것이다. 순전히 종교적인 이유 때문이었다면 나라 전체가 안식년을 지켜야 했을 것이다. 따라서 유태인이 7년에 한 번씩 수확을 포기한 것은 일차적으로 생태학적인 이유 때문이라고 생각된다.

그런데 이것으로는 아직 충분하지 않다. 고대 이스라엘은 이 외에도 50년마다 2년간 수확을 하지 않았던 것이다!

> 8-9 "너희는 7년마다 돌아오는 안식년이 일곱 번 지난 해, 곧 49년이 지난 다음 속죄일인 7월 10일에 전국적으로 나팔을 크게 불어라. 10 너희는 50년째가 되는 해를 거룩한 해로 정

하고 너희 땅에 사는 모든 백성에게 자유를 선포하라. 이 해는 너희가 지켜야 할 희년이다. 그러므로 만일 너희가 남의 재산을 산 것이 있으면 본 주인이나 그 후손에게 도로 돌려주어야 하며 종으로 팔려온 자도 자기 가족에게 도로 돌려보내야 한다. 11 50년마다 돌아오는 희년에는 파종도 하지 말고, 저절로 난 것을 추수하지도 말며, 손질하지 않은 포도송이를 거둬들이지도 말아라. 12 희년은 너희에게 거룩한 해다. 그러므로 너희는 미리 비축해둔 밭의 농산물만 먹어야 한다. 13 희년이 되면 너희는 팔려온 종이라도 자기 집으로 돌려보내고 남에게 산 재산도 본래의 주인에게 돌려주어야 한다(레위기 25장 8~13절).

 희년에 일어나는 것은 나중에 살펴보자. 49년째 되는 해에는 이미 수확이 없었고, 50년째 되는 해에도 수확이 중지되므로 유태인은 '2년 동안 비축한 식량으로 살아야' 했다.

 그런데 유태인들은 이것도 지켰다. 로마의 자료를 보면, 유태인이 적어도 로마 점령 기간에 이 희년을 엄격히 지킨 것으로 기록되어 있다. 유태인들은 이미 이 기간에 높은 수확고를 올린 것이 분명하다. 그렇지 않았다면 이들은 분명 굶어 죽었을 것이기 때문이다. 신도(혹은 책의 저자들도 신의 계시를 받았든 그렇지 않든 간에) 이 점을 확실히 의식하고 있다. 이 부분에 대해서는 아주 드물게 성서에서 내세운 규칙에 주석이 덧붙어 있다.

> 19 너희가 내 말에 순종하면 그 땅은 풍성한 열매를 맺을 것이며, 너희는 배불리 먹고 그 땅에서 안전하게 살 것이다. 20 "만일 안식년에 심지도 않고 거두지도 못하면 무엇을 먹고살겠냐"고 너희가 말하겠지만 21 염려하지 말아라. 내가 6년째 되는 해에 너희에게 복을 내려 풍년이 들게 하고, 그 양식으로 너희가 3년 동안 먹을 수 있도록 하겠다. 22 너희가 8년째 되는 해에 밭에 씨를 뿌릴 때에도 여전히 6년째에 추수한 것으로 먹을 것이며, 9년째 추수할 때까지도 그 묵은 양식이 떨어지지 않을 것이다(레위기 25장 19~22절).

앞에서 설명했듯이 당시 유태인의 수확고는 세계 최고였다. 이러한 기록은 이때부터 거의 2000년 동안 깨지지 않았다! 물론 가난한 유태인들은 2년의 끝 무렵에는 곡식을 무척 아껴야 했겠지만 그렇다고 해서 이들이 굶어 죽지는 않았다. 희년과 안식년은 유태인이 높은 수확고를 올리게 된 중요한 이유였다.

# 거름

성서에는 유태인이 들판에 거름을 주었다는 기록이 없지만, 몇몇 구절에서 이를 간접적으로 미루어 짐작할 수 있다. 예를 들어, 선지자 예레미야나 '펄프 픽션'이라는 영화로 잘 알려진 선지자 에스겔을 통해서다. 그들은 죽은 전사들이 거름으로 변하는 것에 대해 다소 무용담 식으로 이야기한다. 하지만 가장 잘 알려진 부분은 신약성서에 나온다.

> "너희는 세상의 소금이다. 그런데 소금이 그 맛을 잃으면 어떻게 다시 짜게 할 수 있겠느냐? 그런 것은 아무 쓸모가 없어 밖에 버려져 사람들에게 짓밟힐 뿐이다(마태복음 5장 13절).

여기서 소금을 만일 식염, 즉 염화나트륨이라 한다면 화학자에게는 이 구절이 이해되지 않을 것이다. 염화나트륨은 자신의 성질이나 맛(즉 짠맛)을 잃어버리지 않기 때문이다. 그렇지만 화학자들이 '소금'이라는 범주에 포함시키기도 하는 '질산나트륨'을 소금이라 한다면 사정은 다르다. 이것은 중요한 거름이다. 제1차 세계대전 당시, 영국은 세계 최대의 질산나트륨 생산국이던 칠레가 독일에 질산나트륨을 제공하지 못하도록 해상

봉쇄를 단행했다. 그 정도로 이것은 중요했다. 질산나트륨에 거름 효과가 있는 것은 질소가 포함되었기 때문이다. 독일이 칠레산 질산나트륨에 의존한 사실 때문에 프리츠 하버는 공기 중에서 수소와 함께 질소를 암모니아로 변하게 하는 가능성을 찾아낼 수 있었다.

특히 질산나트륨이 함유된 거름을 만드는 방법을 보면 질소를 잃어버릴(이로써 '자신의 성질을 잃어버릴') 가능성이 충분하다. 이스라엘 사람들은 지중해 연안에서 유일하게 오늘날 의미의 퇴비를 사용했다. 이 퇴비에는 요르단 계곡에서 얻은 질산나트륨이 첨가되어 있었다. 이것에 오랫동안 공기가 공급되지 않으면 미생물 유기체(소위 '질소 제거 박테리아')가 질산나트륨을 가스 같은 질소 화합물로 분해시킨다. 질소가 없는 이러한 거름은 아무런 가치가 없다.

로마인이나 그리스인은 들판에 체계적으로 거름을 주지 않고 (즉 토양을 부식토로 만들지 않고) 새똥을 뿌렸으나, 유태인들은 현대적인 형태의 거름을 알고 있었다는 내용이 신약성서에 나타나는 것이다. 또 유태인들은 성전을 건축해 그곳에 동물을 바친 시대에 그 동물의 피를 받아 거름으로 활용하기에 이르렀다.

# 아버지들의 죄업

그런데 이러한 계율을 지키지 않으면 어떤 일이 발생할까? 그러면 문화가 몰락한다. 유태인은 이러한 가능성을 전적으로 의식하고 있었고, 성서에도 이것이 여러 번 언급되어 있다. 멘델스존(Mendelssohn-Bartholdy)이 '엘리아스'에서 무척 감동적으로 곡을 붙인 성서의 꽤 음울한 구절도 이를 설명하고 있다.

> 4 "너희는 하늘이나 땅이나 땅 아래 물 속에 있는 어떤 것의 모양을 본떠서 우상을 만들지 말며 5 그것에 절하거나 그것을 섬기지 말아라. 나 여호와 너희 하나님은 질투하는 하나님이다. 그래서 내가 나를 미워하는 자를 벌하고 그의 죄에 대하여 그 자손 삼사 대까지 저주를 내리겠다(출애굽기 20장 4~5절).

엄밀히 말하면 이것은 그리 기분 좋은 구절이 아니다. 왜 자식들이 아버지들의 죄로 말미암아 처벌받는다는 말인가? 게다가 자신이 저지른 죄에 대해서만 처벌받으며, 집단 책임이나 씨족의 연대 책임을 거부하고 있는 성서의 통상적인 사고방식과도 맞지 않는다. 탈무드에서도 이를 분명히 밝히고 있다. 탈무드에서는 당시 유태인에게 가장 큰 죄를 저지른 자들의 자손인

하만, 시세라나 세네샤립도 이들이 원한다면 율법학자가 될 수 있음을 언급하고 있다. 이는 오늘날까지도 통용되고 있다. 아돌프 히틀러의 사촌 중 한 명은 텔아비브 대학의 유태사 교수였다! [20] 아버지나 할아버지들이 대량 학살이나 파렴치한 범죄를 저지른 것에 대해 후손은 책임질 필요가 없는 것이다.

그러나 환경에 대한 범죄를 저지른 경우에는 사정이 다르다. 이러한 범죄에 대해서는 자식과 손자들이 대가를 치른다. 전 세계의 우리 후손들은 이를 감지하게 될 것이다. 이러한 사실로 볼 때 유태인들은 생태 시스템이 회복되려면 4세대까지 내려가야 한다는 사실을 인식했음을 알 수 있다. '질투하는 하나님'이라는 표현은 일반적으로 우리가 생각하는 것과는 좀 다른 의미다. 이는 신이 벌하는 것이 아니라 사람들이 자신들의 나쁜 행동으로 벌받은 것을 말한다. 생태학적인 범죄를 저지른 경우에는, 당사자뿐만 아니라 후손들도 이에 대해 속죄해야 한다. T. S. 엘리어트의 말을 들어보자.

> 너희가 신을 원하지 않는다면(그리고 그는 질투하는 신이다) 너희는 히틀러나 스탈린에게 경의를 표해야 한다. [21]

이로써 우리는 신과 잔인 무도한 독재자 중에서 하나를 선택해야 하는 입장에 놓이게 된다. '질투하는 신'에 대한 우리의 해석을 고려한다면, 신에게 경의를 표하는 것이 그래도 좀더 견딜 만한 대안인 것 같다.

# 6_ 먹어도 되는 것은 무엇인가?

 유태 정신에 대해 잘 모르는 사람들도 교리를 엄격히 지키는 유태인들은 청정(淸淨)한 음식만 먹는다는 사실을 알 것이다. 그리고 유태인에게 끔찍할 정도로 많은 음식 계명이 있다는 것도 알 것이다. 대체 왜 그런 걸까?

 이와 같은 사실에 대해 탐구한 유태인은 과거에도 현재에도 그리 많지 않다. 의미가 있건 없건 신의 계율을 무조건 지켜야 한다고 여겼기 때문이다. 하지만 이것이 의미가 있는 것일까? 이 책의 관심사는 이에 대해 밝혀내는 것이다.

# 고대에는 무엇을 먹었을까?

무엇이든 다 먹었다.

사냥하고 채집하는 단계에서 농경 단계, 즉 신석기 혁명으로 넘어가면서 인간들이 섭취하는 음식물의 질이 근본적으로 바뀌었다. 농경 생활을 하면서 좀더 많은 사람들이 살아남을 수 있게 되었지만, 실제로 음식물의 질은 급격히 떨어졌다. 이는 다음의 네 가지 요인 때문이다.

1. 육류가 거의 없어지고 대체로 식물성 음식물이 생산되었다.
2. 가장 중요한 음식물이 대체로 1년에 한 번 수확되었기 때문에 신선한 식품을 먹는 횟수가 줄어들고 주로 저장 음식을 먹게 되었다.
3. 거의 모든 민족이 음식물의 60~80퍼센트에 달하는 주식(밀, 보리, 쌀, 옥수수 등)을 섭취하게 되었다. 늘 거의 같은 식사를 하게 된 것이다.
4. 음식물이 다양하지 못해 영양가가 떨어졌다. 특히 단백질, 비타민, 미네랄이 부족해졌다.

특히 단백질이 절대 부족해졌다. 농경 문화에서는 육류에 단백질이 풍부하기 때문에 오늘날이나 그 당시나 마찬가지로 어떤 생물체든 죄다 잡아먹었다. 오늘날 우리가 사냥으로 단백질을 보충하지 않는 것은 단지 복지 덕택이다. 이를 다음과 같은 몇 가지 예로 분명히 하고자 한다.

▸ 16세기 말, 인문주의자로 유명한 프랑스의 앙리 4세는 일요일마다 각 가정의 냄비에 닭 한 마리가 있게 한다는 정부 목표를 세웠다. 오늘날 연방 수상이 각 가정에서 페라리를 굴리도록 하는 것이 정부의 목표라고 말하는 것처럼, 이 목표는 당시에 대체로 달성될 수 있었다. 그 당시 닭은 가장 손쉽게 구할 수 있는 육류였다. 닭은 돼지보다 훨씬 간소했고 소보다 간수하기 수월했다. 게다가 닭은 아주 중요한 단백질원인 달걀을 제공해주었다. 16세기에 평균적인 프랑스인들은 1년에 서너 번밖에 고기를 섭취하지 못했다. 독일의 저지에서는 18세기가 되어서야 그 정도 수준에 도달할 수 있었다. 당시 프랑스는 스페인을 제외하면 유럽에서 가장 부유한 나라로 간주되었다.

▸ 1985년에 중국의 많은 시골 지역에서는 왜가리 같은 큰 새들은 말할 것도 없고 거의 모든 명금류(鳴禽類)가 멸종할 위기에 처했다. 필자가 직접 답사해보니 지금은 이러한 새들이 충분할 정도로 그 지역에 살고 있다. 무슨 일이 일어난 것일까? 그동안 이 지역 주민들의 소득이 높아져 육류를 사 먹을 수 있게

되어 조류를 사냥할 필요가 없어진 것이다. 그러나 오늘날에도 중국의 시장에서는 올빼미, 고양이, 뱀을 식용으로 팔고 있다. 이와 같은 현상은 다른 곳에서도 나타나는데, 60년대만 해도 알바니아의 시장에서는 독수리를 팔았다.

▸ 리자 테츠너의 『검은 형제들』은 19세기 말, 가난한 농촌 소년이 궁핍한 나머지 굴뚝 청소부로 밀라노에 팔려간다는 내용을 다루고 있다. 처음에 나오는 장면 중에 한 소년이 참새 같은 새들을 잡아서 내다 파는 내용이 나온다. 책에서는 명시되어 있지 않지만, 이들은 결국 새를 잡아먹는다는 사실을 알 수 있다. 참새는 먹을 게 별로 없다. 이런 새들을 잡아서 파는 것이 흔했다면 육류의 부족이 상당히 심각했다는 것을 알 수 있다. 이런 관행이 얼마나 광범위하게 행해졌는지는 오늘날에도 남프랑스와 이탈리아에서 철새를 대량으로 포획하는 것에서 알 수 있다. 그러나 오늘날 이 행위는 더이상 물질적인 이유 때문이 아니다. 100년 전에는 고기를 섭취하기 위해 새 사냥이 필수적이었으나 오늘날에는 취미로 변한 것이다.

이와 같은 사실에서 볼 때, 금지 동물을 명확히 구분해두지 않았다면 유태인도 온갖 동물을 잡아먹었을 것임을 짐작할 수 있다. 그런데 이들에게는 금지된 동물이 아주 많았다.

# 육지 동물

**1-2** 여호와께서 모세와 아론을 통해 이스라엘 백성에게 이렇게 말씀하셨다. "육지에 사는 짐승 가운데 **3** 발굽이 갈라지고 새김질하는 것은 너희가 먹을 수 있으나 **4-7** 그중에서도 먹지 못할 것이 있다. 새김질은 하지만 굽이 갈라지지 않은 낙타와 오소리와 토끼와 그리고 굽은 갈라졌으나 새김질을 하지 못하는 돼지를 먹어서는 안 된다. **8** 이런 짐승들은 다 부정하므로 먹지도 말고 그 사체를 만지지도 말아라(레위기 11장 1~8절).

이는 생물학적으로 어떤 의미가 있을까? 금지한 동물들이 무얼 먹는지 살펴보면 알 수 있을 것이다. 이 동물을 네 그룹으로 나누고 한 동물씩 예를 들어 설명하면 다음과 같다.

## 1. 말

말은 음식물에 대한 요구가 무척 까다롭다. 게다가 사료를 제대로 소화하지 못한다. 물론 말은 대체로 식용이 아니라 군용으로 쓰였으며, 수송이나 일하는 데 이용되었다. 이 때문에 유태인에게도 말이 있었다.

## 2. 돼지

돼지는 비교적 사료를 잘 소화한다. 그리고 인간이 먹는 음식물과 다소 비슷한 것들을 먹는다. 그래서 오늘날에도 돼지는 인간의 영양에 대한 과학적 연구 모델로 이용된다.

## 3. 소와 다른 반추(反芻)동물

소는 말이나 돼지에 비해 음식물에 대한 요구가 훨씬 덜 까다롭다. 소의 위에는 대량의 박테리아가 있는데, 이것은 아주 거친 풀도 분해해서 소화하도록 돕는 역할을 한다. 사실 소는 돼지보다 사료 소화 능력이 떨어지지만, 인간에게는 쓸모 없는 사료를 먹고산다. 생물학자 마르클(Markl)은 다른 맥락이긴 하지만 언젠가 이렇게 말한 적이 있었다. 영양(羚羊)이란 맛있고 소화가 잘 되는 일종의 건초나 마른 이파리와 다름없다고 말이다. 이는 소에도 적용된다. 그러나 돼지나 말이 그렇듯이, 인간은 건초나 마른 잎을 제대로 소화시키지 못한다.

## 4. 낙타

낙타는 소처럼 진정한 반추동물은 아니지만 유사한 소화기관을 지녔으며, 무척 온화한 동물이다. 낙타가 보호받은 것은 수송 역할 때문이었을 것이다.

유태인들이 소나 이와 유사한 동물은 먹어도 되지만 돼지나 말은 먹어서는 안 되었다면, 이스라엘에 자원이 무척 한정되었음을 염두에 두어야 한다. 이 때문에 사람들이 먹을 수 있는 음식물을 돼지나 말에게 먹이는 것은 아무런 의미가 없다(사람들이 이 동물들의 노동력을 이용할 수 있다면 몰라도). 하지만 노동력은 돼지에게는 해당되지 않고 말에게만 해당된다. 세계 도처에서 돼지를 키우는 이유는 단지 돼지고기를 먹기 위해서다.

반면에 소나 이와 유사한 동물들은 다른 방법으로는 얻을 수 없는 식생(영양분)에도 도움이 된다. 첫째와 둘째 동물 그룹을 먹지 못하게 하는 신의 계율은 땅의 자원을 효율적으로 이용토록 하는 데 기여하는 것이다.

# 물 속의 동물

9 "그리고 물 속에 사는 고기 중에서 지느러미와 비늘이 있는 것은 너희가 무엇이든지 먹을 수 있다. 10 그러나 지느러미와 비늘이 없는 것을 먹어서는 안 된다. 11 이것들은 부정한 것이므로 그 고기를 먹지도 말고 죽은 것을 만지지도 말아라 (레위기 11장 9~11절).

그렇다면 먹어도 되는 것은 무엇인가? 주로 물고기들이다. 물고기는 유태인의 민족 요리와 같은 것이다. 먹어서는 안 되는 것은 무엇인가? 무엇보다도 개구리다.

여기서 무척 흥미로운 사실을 지적하고 싶다. 개구리나 다른 동물들을 먹어선 안 되는 이유는 '혐오스러운' 것으로 정의되기 때문이다. 이는 고대 세계에서 다소 이례적인 것이다. 다른 종교에서는 먹어선 안 되고 보호되어야 하는 이유가 '신성'하기 때문이었다. 이집트의 따오기나 인도의 소가 좋은 예다. 이는 동물의 종을 보호해준다는 의미에서 일단 똑같은 결과에 이르지만, 그 광범위한 결과는 상당히 오랫동안 지속된다. 이에 대해서는 11장에서 다시 살펴볼 것이다.

그렇다면 이스라엘에서 개구리를 먹어서는 안 되는 이유는 무엇일까? 이에 대한 아주 좋은 예를 방글라데시에서 찾아볼 수 있다. 방글라데시에서는 1970년대 말부터 개구리를 대량으로 잡아 그 넓적다리를 프랑스에 팔았다. 이 때문에 돈을 제법 벌었지만, 방글라데시에 말라리아가 들어왔다. 원래 이 지역에는 말라리아가 없었다. 오늘날에도 개구리나 다른 양서류는 곤충을 통해 전염되는 말라리아나 이와 유사한 질병을 가장 값싸게 막는 방법이 된다. 특히 고대 이스라엘인처럼 말라리아 지역에서 살면서 말라리아에 대한 예방책이 전혀 없었던 경우엔 더욱 그렇다. 당시 이 질병은 이탈리아나 스페인에도 광범위하게 퍼져 있었다. 더욱이 개구리는 인간에게 해가 되는 곤충을 퇴치해준다.

순수한 동물들의 목록이 나열되어 있는 게 아니라 '발굽이 갈라지고 새김질을 하는 동물들, 물에 있는 것 중에 지느러미와 비늘 있는 것'처럼 명확한 정의에 따라 거론되고 있다는 사실 또한 흥미롭다. 이것은 마치 시민 법전을 생각나게 하는데, 이 때문에 뱀장어, 가재, 게처럼 생물학적인 기능으로 볼 때 사냥이 허용되었을지도 모르는 동물이 보호받게 된다. 하지만 이런 동물은 고대 이스라엘에는 존재하지 않았다. 이 때문에 앞에서 언급한 우아하면서도 법전의 냄새를 풍기는 규정을 만들 수 있었고, 동물들의 경우는 단지 예외만 지적하면 되었다.

## 새

> 새 중에서 너희가 먹을 수 없는 것은 독수리, 솔개, 물수리, 매 종류와 까마귀 종류, 타조, 쏙독새, 갈매기, 새매 종류, 올빼미, 가마우지, 부엉이, 따오기, 사다새, 학, 황새, 왜가리, 오디새, 박쥐이다. 이것들은 부정하므로 먹어서는 안 된다(레위기 11장 13~19절).

이제 관심이 있는 독자는 이것이 먹어서는 안 되는 새들의 전체 목록이라고 생각할 것이다. 하지만 이는 전적으로 맞는 말은 아니다. 이것만 해도 비교적 상세한 편이지만 당시 이스라엘에 살았던 새들의 전체 목록을 살펴보자. 보호되어야 할(=먹어서는 안 될) 조류와 그렇지 않은 조류는 다음과 같다.

| 조류/과 | 주식원 | 상태 |
|---|---|---|
| 타조 | 이파리, 씨앗 | 보호받음 |
| 물새 | 물고기 | 먹어도 됨 |
| 신천옹 | 물고기 | 먹어도 됨 |
| 펠리컨, 가마우지 | 물고기 | 먹어도 됨 |
| 왜가리 | 물고기, 개구리, 집쥐, 곤충 | 보호받음 |
| 황새, 따오기 | 물고기, 개구리, 집쥐, 곤충 | 보호받음 |
| 거위, 백조 | 이파리, 씨앗 | 먹어도 됨 |
| 오리 | 이파리, 씨앗, 물고기 | 먹어도 됨 |
| 맹금류 | 새, 포유동물, 집쥐, 들쥐 | 보호받음 |
| 독수리 | 썩은 고기 | 보호받음 |
| 꿩, 자고 | 이파리, 씨앗 | 먹어도 됨 |
| 뜸부기, 두루미, 들기러기 | 이파리, 씨앗 | 먹어도 됨 |
| 섭금류 | 지렁이, 물고기, 집쥐 | 먹어도 됨 |
| 갈매기 | 물고기, 집쥐 | 보호받음 |
| 제비갈매기 | 물고기 | 먹어도 됨 |
| 사막꿩, 비둘기 | 이파리, 씨앗 | 먹어도 됨 |
| 앵무새 | 이파리, 씨앗 | 먹어도 됨 |

| 뻐꾸기 | 이파리, 씨앗, 곤충 | 먹어도 됨 |
| 올빼미 | 새, 포유동물, 들쥐, 집쥐 | 보호받음 |
| 쏙독새 | 큰 곤충 | 보호받음 |
| 칼새 | 곤충 | 먹어도 됨 |
| 물총새 | 물고기, 곤충 | 먹어도 됨 |
| 벌잡이새 | 곤충, 메뚜기 | 보호받음 |
| 파랑새 | 풍뎅이, 개구리, 도마뱀 | 먹어도 됨 |
| 후투티 | 곤충, 메뚜기 | 보호받음 |
| 딱따구리 | 곤충, 개미 | 먹어도 됨 |
| 명금류 | 이파리, 씨앗, 작은 곤충 | 먹어도 됨 |
| 예외 : | | |
| 크고 작은 까마귀 | 잡식동물, 썩은 고기 | 보호받음 |

우리는 이러한 각각의 조류를 하나하나 살피려는 것이 아니다. 우리에게 중요한 것은 다음과 같은 결론이다.

▸ 조류는 수생동물과 달리 율법으로 금지된 동물에 대한 우아한 정의가 없다. 이 때문에 부정한 동물에 대해 상세하게, 개별적으로 열거해야 한다.
▸ '위생 경찰'로 불릴 수 있는 모든 새들은 보호받는다. 그러므로 썩은 고기를 먹는 것들은 먹어서는 안 된다. 여기에는 독수리뿐만 아니라 고대 문화 관습과는 달리 까마귀도 포함된다.
▸ 들쥐나 집쥐를 먹고사는 맹금류나 새는 불순하다. 건강한 생

태계를 유지하기 위해, 오늘날의 생태학자라면 누구나 알고 있듯이, 이러한 새들은 반드시 보호되어야 한다. 들쥐의 숫자가 약간 줄어드는 것이 땅에 유익하다.

- 약간 큰 곤충이나 메뚜기를 먹고사는 모든 새들은 보호받는다. 이들은 곤충으로 인한 재앙이 닥칠 위험을 막아준다.
- 유태인들은 박쥐를 새로 간주했으며, 큰 곤충을 잡아먹는 박쥐도 보호했다. 생물학적으로 볼 때 전혀 보호받을 만하지 않은 유일한 새는 타조다. 그런데 타조가 성서에 등장하는 게 매우 흥미롭다. 당시 이스라엘에는 타조가 거의 없었기 때문이다. 어쩌면 희귀한 새라서 보호받았는지도 모른다.

앞에서 언급했듯이, 이러한 새들은 신성한 게 아니라 불순하고 혐오스럽다. 성서는 이런 새들을 먹지 못하게 했다. 하지만 목록을 통해서 알 수 있듯이, 이스라엘에 사는 조류는 대부분 자유롭게 먹을 수 있었다. 그렇기에 유태인은 거위구이를 포기할 필요가 없었다.

## 곤충

20 "그리고 날개를 가지고도 네 발로 기어다니는 곤충은 부

정하다. 21 그러나 날개 달린 곤충 중에서도 땅에서 뛸 수 있는 것은 예외이다. 22 그중에서 메뚜기 종류와 베짱이 종류와 귀뚜라미 종류와 여치 종류는 너희가 먹을 수 있다. 23 그러나 날개가 달려 있으면서도 네 발로 기어다니는 곤충은 다 부정하므로 너희가 먹어서는 안 된다(레위기 11장 20~23절).

당시에 곤충을 먹었을까? 답은 '그렇다'. 당시에는 무엇이든 죄다 먹었으며, 곤충도 마찬가지였다. 신약성서에는 세례 요한뿐만 아니라 예수도 광야에 있을 때 메뚜기로 영양 보충을 했다는 기록이 나온다. 고대 로마에서는 꿀에 잰 메뚜기를 진미(珍味)로 여겼으며, 오늘날에도 중국의 시장에서 말벌의 벌집을 살 수 있다. 그리고 식당에서 뜨거운 기름에 튀긴 말벌의 애벌레를 먹을 수 있다.

하지만 성서에서는 먹어도 되는 곤충과 보호받는 곤충을 명확히 구분해두었다. 이렇게 상세하게 구분하는 주된 목적은 당시에 곤충도 음식물의 일부분이었으며, 이를 먹는 것도 규칙을 따르는 것이었음을 지적하는 것이다. 먹어도 되는 곤충은 대개 침입자로 등장하는, 생태계를 유지하는 데 필요치 않은 메뚜기였다. 메뚜기들은 대량으로 번식해서 들판을 황폐하게 만들기도 했다. 따라서 메뚜기는 물어볼 것도 없이 먹어도 된다. 반면에 '그 지역의 특유한' 곤충은 보호되었다.

# 야생 육지 동물

26 짐승 가운데 굽이 있어도 완전히 갈라지지 않은 것이나 새김질을 하지 않는 것의 사체에 접촉하는 자는 부정할 것이다. 27 네 발로 다니는 짐승 중에서 발톱을 가진 동물의 사체를 만지는 자는 저녁까지 부정할 것이다. 28 그 사체를 옮기는 자는 옷을 벗어 빨아야 한다. 그러나 저녁까지는 여전히 부정할 것이다. 29-30 "땅에 기어다니는 길짐승 가운데 너희에게 부정한 것은 족제비와 각종 쥐와 도마뱀 종류와 육지 악어와 카멜레온이다. 31 이것들은 부정하므로 그 사체를 만지는 자는 저녁까지 부정할 것이다(레위기 11장 26~31절).

여기서도 앞에서 언급한 법칙의 논리가 보인다.

▸ 영양과 같은 반추동물은 사냥해도 되지만, 사자나 곰 같은 맹수는 보호받는다. 이는 오늘날의 문화에서 별미가 있다고 간주되는 야생 고양이나 곰 등 많은 동물들이 보호받는다는 것을 의미한다.
▸ 이스라엘에 다량으로 서식하고 있었음에도 불구하고 도마뱀과 뱀, 집쥐와 들쥐, 곤충들을 먹어치우는 다른 동물들은 보호받았다. 우리는 로마인들이 특정 도마뱀 종류를 좋아해서 이

를 구워 먹었음을 알고 있다.
- 집쥐와 들쥐도 이스라엘에서 보호받는다. 집쥐와 들쥐가 질병(페스트와 같은)을 옮기는 동물이기 때문에 이를 먹는 것은 매우 위험하다. 썩은 고기를 먹고사는 동물도 이와 같은 이유 때문에 금지되었다. 유태인의 위생 규칙은 다음 장에서 다룰 것이다.

## 전체 대차대조표

이러한 음식 계명을 들여다보면 성서에는 우연에 내맡겨진 것이 거의 없음을 알 수 있다. 음식물로 적합한지 여부를 나타내기 위해 모든 종류의 생물체에 엄한 규칙이 설정되어 있다. 이런 것은 당시 전 세계에 유례가 없는 일이다. 사실 거의 모든 문화에 숭배받는 동물을 의미하는, 먹어서는 안 되는 소위 '신성한 소'가 존재하지만, 모든 잠재적인 음식물 공급원을 보호하기 위해 여러 페이지에 걸쳐 음식 규칙을 정하는 편람은 그때까지 세계 어디에도 없었다.

# 7_ 물과 위생

　서기 1세기에 이스라엘에서는 로마 점령에 저항하는 반란, 즉 유태전쟁이 일어났다. 티투스의 예루살렘 정복으로 끝난 이 반란은 3년 만에 로마군에 의해 진압되었다. 그렇지만 근본주의적인 유태 그룹 지도자 셀롯파는 약 960명(그중에는 부녀자와 아이들도 있었다)과 함께 헤롯 왕의 궁이 있었던 사해 근처의 마사다 산으로 도피하는 데 성공했다. 로마군 사령관 실바는 이 요새를 3년간 포위한 끝에 인공 건조물을 설치하고야 함락시킬 수 있었다. 함락시 거의 모든 반란자들은 죽어 있었다. 그들은 노예가 되지 않기 위해 함락되기 전날 밤 모두 자살한 것이다.

이 이야기를 하는 이유는, 이 기간 동안 '셀롯파 중의 어느 누구도' 위생 상태가 불량하여 전염병에 걸려 죽은 게 아님을 지적하고 싶어서다. 이러한 사실은 발굴물이나 기록물을 통해 정확히 알 수 있다.

- 1000여 명이나 되는 사람들이 아주 협소한 공간에서 3년 동안이나 살아야 했음에도 불구하고.
- 마사다가 사막에 있어서 사람들이 충분한 물을 공급받지 못했음에도 불구하고. 이들은 빗물 통에 담아놓은 빗물을 먹었고, 빗물을 이용하여 농사(밀 재배)를 짓기도 했다.
- 주민들 모두 유태 풍속을 엄격하게 지켰다. 그렇기에 공동 목욕탕에서 정기적으로 목욕을 했다(매주 300여 명이 같은 물에서 목욕을 했다).

150년이나 200년 전만 해도 유럽의 사정은 어떠했던가? 전쟁 전술의 전문가 폰 클라우제비츠는 자신의 저서 『전쟁론』에서 전투 중간에, 즉 진군하거나 야영하는 중 전염병으로 사망하는 병사가 '하루'에 1퍼센트에 달한다고 적고 있다. 이때 독일에서 깨끗한 물은 아무 문제가 아니다.

폰 클라우제비츠는 이렇게 사망률이 높은 이유가 병사들이 좁은 공간에서 야영하며 함께 살기 때문이라고 말한다. 그는 또

1813년 8월 16일 대중적인 인기와 능력이 있는 블뤼허가 지휘한 요크 군단의 4만 병사가 여러 민족의 전투(1813년 10월 라이프치히 근교에서 유럽 여러 나라의 동맹군이 나폴레옹군을 격파한 전투-역주)가 끝난 10월 19일에 1만 2000명밖에 남지 않았다고 말한다. 1만 2000명은 전투로 사망했고, 1만 6000명은 질병으로 사망했다는 것이다. 그런데 이 수치는 당시의 평균치를 훨씬 웃도는 것이었다! 다른 곳은 이보다 훨씬 사정이 나빴다. 1848~1849년 헝가리 원정 때, 러시아 병사 1만 1000명 중 1만 명이 질병으로 사망하고 1000여 명만이 전투로 사망했다. 1861~1865년의 미국 시민전쟁 때도 질병으로 사망한 숫자가 전투로 인해 사망한 숫자의 두 배였다.

이와 같은 사실에서 볼 때, 마사다 고원의 반란자들이 19세기 유럽인과 같은 상황이었다면 1년 후 생존자는 몇 명에 불과했을 것이다. 오늘날에도 세계 어디를 막론하고 피난민 수용소에서 가장 큰 골칫거리는 역병이다. 그렇다면 도대체 유태인들은 이를 어떻게 해결했을까?

유태인들은 위생이 얼마나 중요한지 분명히 알고 있었다.

앞에서 유태인들은 썩은 고기를 먹지 않고 부정한 동물에는 손도 대지 않았음을 언급했다. 하지만 성서에서 금지한 내용은 보다 광범위하며, 고도의 미생물학적 지식을 토대로 하고 있다. 예를 들어 다음과 같은 성서 구절을 살펴보자.

³¹ 이것들은 부정하므로 그 사체를 만지는 자는 저녁까지 부정할 것이다. ³² 그리고 이런 길짐승의 사체가 어떤 물건에 떨어지면 그것이 나무 그릇이든 옷이든 가죽이든 자루든 무엇이든지 부정해질 것이다. 그러므로 그런 것에 닿은 물건은 물에 담가두어라. 저녁까지 부정하다가 그후에 깨끗해질 것이다. ³³ 만일 그런 사체가 어떤 질그릇에 떨어지면 그 속에 있는 것이 다 부정하게 될 것이다. 너희는 그 그릇을 깨뜨려 버려야 한다. ³⁴ 그런 그릇의 물이 어떤 음식에 떨어지면 그 음식이 부정하게 될 것이며, 그 그릇에 담겨 있는 음료수도 다 부정해질 것이다(레위기 11장 31~34절).

유태인의 집에는 당연히 들쥐나 집쥐, 다른 동물들이 살았다. 이런 동물은 사방을 기어다녔고 예나 지금이나 오래 살지 못했다. 약 100리터의 물을 담을 수 있는 점토 항아리에 빠지기라도 하면 특히 그랬다.

이 동물의 시체가 유태인의 가재도구와 접촉하는 일이 생길 것이다. 죽은 쥐에는 독성이 강하고 유해한 세균이 득실거리기 때문에 사람들은 금방 감염된다. 이 때문에 세균으로 오염된 식품이 부정한 것으로 간주되는 것을 납득할 수 있다. 더욱이 이 도구들을 다시 사용하기 전에 반드시 깨끗이 씻어야 했다(깨부숴 없애야 하는 점토 그릇에 이르기까지). 점토 그릇은 래커 칠도 되어 있지 않고, 밀폐되어 있지도 않았기 때문에 죽은 쥐의 피나 체액이 그릇의 미세한 구멍으로 침투할 수 있었다. 이렇게 한번 세균에 오염되면 다시 원상으로 돌릴 수 없다. 따라서 점토 그릇이 무척 귀했음에도 불구하고 무조건 폐기하도록 했다면, 당시 유태인들은 어느 정도 미생물에 대한 지식을 가졌던 것이 분명하다. 당시 가장 크고 귀하던 화덕도 마찬가지였다.

> 이런 길짐승의 사체에 접촉하는 물건은 무엇이든지 부정하게 된다. 그러므로 그런 것이 닿은 질그릇은 그것이 화로든 난로든 깨뜨려버려라(레위기 11장 35절).

화덕도 점토로 만들었기 때문에 깨뜨려버려야 했다. 유태인들은 액체 상태의 매개물만이 '전염성이 있다'는 것을 정확히 알고 있었다. 썩은 사체에서 체액이 빠져나오지 않았을 때는 화덕을 그대로 쓸 수 있었기 때문이다.

사실, 섭씨 70도 이상으로 일정 시간 가열하면 세균이 화덕에서 죽기 때문에 무조건 화덕을 깨뜨릴 필요는 없다. 성서의 저자들이 저온 살균 과정을 알았는지는 모르지만—그것은 몰랐을 공산이 크다—유럽에서는 19세기 후반까지 이를 알지 못했다.

성서의 다음 구절이 더욱 흥미롭다.

37 그리고 그런 사체가 밭에 심을 종자에 떨어졌을 경우에는 그것이 부정해지지 않지만 38 만일 그 씨가 물에 젖어 있을 때 그 위에 이런 것들이 떨어지면 그 씨가 부정하게 될 것이다(레위기 11장 37~38절).

이 구절은 유태인들이 위생뿐만 아니라 농업에 대해서도 잘 알고 있음을 보여준다.

세균은 식물의 종자는 감염시키지 못한다. 종자가 건조해 미생물이 증식하지 못하기 때문에 썩은 고기와 접촉한 종자를 땅에 뿌리는 것은 괜찮다(그러나 이를 먹어서는 안 된다).

그러나 종자를 물에 담갔을 때는 사정이 다르다. 씨를 물에 젖게 하는 것은 식물의 성장을 빠르게 하는 중요한 방법이다. 완두나 콩과 같은 한해살이풀일 경우엔 특히 그렇다. 심은 종자의 첫째 일은 솟아 나오는 것이다. 이스라엘은 비가 자주 오는 것도 아니고 땅도 그리 촉촉한 편이 아니기 때문에 종자가 나오려면 어느 정도 시일이 걸린다. 따라서 며칠 동안 종자를 물에 담가 불린 상태로 심으면 이 기간이 단축된다. 또 이렇게 하면 수확 기간도 몇 주 단축할 수 있다. 고대 이스라엘에서는 이러한 관행이 흔했지만 주변 문화에서는 그렇지 못했다. 종자를 물에 불리는 방법(물론 이는 몇몇 경우지 일반적으로 적용할 수 있는 방법은 아니다)을 처음 언급한 기록은 서기 5세기 로마인에게서 발견된다. 하지만 유태인들은 이러한 방법을 적어도 1000년 동안이나 시행해왔던 것이다!

그러나 이렇게 물에 불리는 동안 종자는 물에 끔찍한 악취를 풍기는 물질을 퍼뜨린다. 이러한 물질이 세균의 영양분으로 쓰일 수 있으므로 죽은 쥐가 물이나 불린 종자에 떨어지면 파국적인 결과가 빚어진다. 몇 시간만 지나도 세균이 엄청나게 번식하기 때문에 물에 손대지 않는 게 현명하다. 하물며 이 종자를 땅에 뿌리는 것은 말도 안 된다! 종자를 땅에 뿌리는 사람도 감염될 위험성이 아주 높다. 그 때문에 소중한 종자를 폐기 처분해야 했다.

물에 불린 종자가 썩은 고기와 접촉했을 때 이것을 더러운 것으로 간주했다는 사실은 당시 유태인들의 지식 수준이 매우 높았음을 또 한 번 증명해주는 것이다. 특히 당시 유태인들은 자주 손을 씻었기 때문에 오늘날의 시각에서 보더라도 그런 종자를 뿌리는 행위는 위생상 걱정할 문제가 아니었다.

폰 클라우제비츠로 돌아가서 살펴보면, 성서에는 전쟁하는 동안 위생상의 행동에 관해서도 하나의 지침이 발견된다.

> 9 "여러분이 싸우러 나가 진을 치고 있을 때는 모든 악한 일을 멀리하십시오. 10 밤에 몽설하여 불결하게 된 사람은 진영 밖으로 나가 거기 머물러 있다가 11 저녁때쯤 목욕을 하

고 해가 진 다음에 진영으로 돌아오도록 하십시오. 12 여러분은 진영 밖에 대소변 보는 곳을 마련하고 13 삽을 가지고 가서 땅을 파고 대변을 본 후에 그것을 덮어야 합니다. 14 여러분의 하나님 여호와께서 여러분을 보호하고 여러분의 진영에서 두루 다니십니다. 그러므로 여러분은 진영을 거룩하게 하십시오. 그러면 여호와께서 여러분 가운데서 불결한 것을 보시고 여러분을 떠나시는 일이 없을 것입니다."(신명기 23장 9~14절)

 당시나 수세기 후에도 이렇게 행동한 군대는 어느 나라에도 없었다. 하지만 유태인들은 이런 일을 즐겨해야 했을 것이다. 페니실린을 쉽게 이용하게 된 제2차 세계대전이 끝날 때까지, 세계의 온갖 전쟁에서 질병으로 인한 인적 손실이 적대 행위로 인한 것보다 훨씬 많았다. 위의 성서 구절에 나타난 간단한 행동 수칙만 지켰더라면 분명 이러한 사정은 달라졌을 것이다.
 그렇다면, 이렇게 지식이 월등하던 유태인들이 왜 번번이 침입자를 물리칠 수 없었을까? 그 답은 간단하다. 수가 너무 적었기 때문이다. 예를 들어, 유태전쟁에서처럼 수십만의 로마 대군이 쳐들어오는 경우엔 '한줌' 밖에 안 되는 유태인들이 아무리 위생 상태가 월등하다 해도 소용없는 것이다.

# 물

위생에 대해 쓰려면 무엇보다도 물에 대해 알아야 한다. 9세기까지 무균 상태의 물이란 존재하지 않았다. 즉 미생물이 전혀 없거나 거의 없는 물은 없었다. 이젠 세균이 맹렬한 속도로 늘어나 거의 무균 상태의 물이 하룻밤 새 밀리리터당 $10^{10}$마리의 세균을 함유하게 된다. 실제로 밀리리터당 $10^6$까지의 세균은 물에 영향을 미치지 못한다. 그러므로 그 물은 아직 수정처럼 깨끗한 것이다! 그러나 깨끗해 보이는 물을 한 모금만 마셔도 치명적인 결과가 빚어질 수 있다. 당시엔 물을 몇 시간 이상 신선하게 보존할 수 있는 방법이 두 가지밖에 없었다.

▸ 물 속의 모든 박테리아를 죽이려면 끓여야 한다. 아시아에서는 이런 방법이 광범위하게 사용되었다. 이곳에서는 물을 차의 형태로 마시는 것이 일반적이다. 당시 이스라엘에서는 통상 뜨거운 물을 마시지 않았다.
▸ 미리 조치를 취해 물에 침투한 세균들이 불어날 기회를 주지 않는다. 예를 들어, 물에 효모를 넣어 효모균이 제대로 불어날 수 있게 해주는 것이다. 물에 존재하는 당분(예를 들어 과일 주스의 경우)을 통해서 혹은 보리나 밀을 첨가함으로써 이런 일

이 일어날 수 있다. 이러한 수순을 거친 결과물이 포도주나 맥주다. 이렇게 해서 만들어지는 알코올은 살균 작용도 한다.[22] 우유는 요구르트나 산유(酸乳)의 형태로 적어도 며칠 동안은 보존할 수 있다. 수조에서도 시간이 지남에 따라 인간에게 대체로 위험하지 않은 세균이 생긴다. 그러나 이것은 유해한 세균이 퍼지는 것을 막아준다. 이에 대해서는 나중에 좀더 자세히 설명할 것이다.

당시에 가장 깨끗한 물은 샘물이나 금방 받은 빗물이었다. 유태인들은 물이 부족해 건조하고 메마른 지역에서 살고 있었다. 그럼에도 불구하고 이들은 주변 민족보다 1인당 물 소비량이 더 많았다. 이들은 노인들조차도 매일 목욕했다. 강수량이 적고, 매일 신선한 물을 사용하기에는 샘물이나 강물이 충분치 않아 샘물이나 빗물을 보관해야 했다.

한편, 고여 있는 물은 유해한 세균이 증식할 수 있기 때문에 문제가 발생할 소지가 있다. 이 때문에 어떤 물이 깨끗하고 불순한지 깊이 생각해야 했다. 이들은 한편으로는 물을 낭비하지 않으려 했고, 다른 한편으로는 질병을 막으려고 했다.

유태인들은 실용적이고 법률적인 범주 내에서 사고했기 때문에 수질의 순위를 매겨서, 어떤 용도에 어떤 수질이 필요한지 규정하려 했다.

# 미슈나에서 분류한 수질

1. 0.8세제곱 미터보다 작은 용기에 든 물
2. 산비탈의 표면을 흐르는 물
3. 0.8세제곱 미터보다 큰 용기에 든 물
4. 아주 서서히 고이며 추가적으로 채워지는 샘물에서 물단지로 떠온 물
5. 뜨거운 샘물이나 소금을 함유한 샘물
6. 금방 고이는 샘물

1번이 가장 수질이 나쁘고, 6번이 가장 수질이 좋은 물이다. 3번 이상은 의식에 쓰이는 잠수(潛水) 목욕물로 적합했다.

미슈나(유태교의 율법서인 탈무드의 원본 – 역주)와 탈무드에는 수백 페이지에 걸쳐 가능한 모든 경우의 오염에 대해 토론하면서, 각기 필요한 정화 의식을 위해 어떤 물을 써야 하는지 결정하고 있다. 예를 들어, 고름이나 옴과 같이 최악으로 오염된 부위를 깨끗이 하기 위해서는 금방 고이는 샘물에서 떠온 물(6번)만 사용하도록 규정했다. 이는 오늘날의 조건에서도 금방 이해가 된다. 여타의 세부적인 문제에 대해, 특히 불순물과 접촉할 때 물이 어느 정도 더러워질 수 있는가, 즉 더러운 것을 어느 정도 옮길 수 있는가 하는 토론에 대해서는 상세하게 다룰 수 없는

상황이다. 이를 모두 다루려면 족히 책 한 권 분량은 될 것이다.

이러한 규칙을 정립한 랍비의 심오한 지혜에 대한 예로써, 의식적(儀式的)인 잠수 목욕을 하는 데 물이 800리터 정도는 있어야 한다는 것이 얼마나 이치에 맞는지 다뤄야 할 것 같다.

유태인이 처한 딜레마는 마사다의 셀롯파의 경우에서 가장 잘 드러난다. 마사다에서는 주마다 약 600명의 성인들이 의식적인 잠수 목욕을 통해 몸을 깨끗이 해야 할 필요성을 절실히 느끼고 있었다. 이것은 그들이 동료와 사회적 접촉을 할 수 있는 유일한 방법이었다. 그렇지 않으면 이들이 깨끗하지 않은 것으로 간주될 수도 있는 일이기 때문이다.

마사다는 사막 한가운데 암석 고원에 위치했다. 물이 부족했기 때문에 목욕한 후 물을 바꾸는 것은 불가능했다. 병원균을 옮길 소지가 있는 잠수 목욕을 통해 사람들이 금방 감염될지도 모른다. 오늘날 같으면 물에 염소를 타서 간단히 해결할 수 있을 것이다. 물론 당시에 이럴 가능성은 없었다.

오늘날의 시각에서 볼 때, 이러한 상황을 어느 정도 합리적으로 해결할 수 있는 방법은 딱 한 가지밖에 없었다. 사람들은 목욕물에 인간에게 해롭지 않은 여러 종류의 강인한 미생물이 생기도록 해야 했다. 항생물질이 발견되고 나서부터 미생물끼리 무자비한 투쟁이 진행된다는 것을 우리는 알고 있다. 이때 별로 많은 양을 사용하지 않고도 경쟁자의 취약한 부위에 해를 가하는 고성능 화학 약품, 즉 항생물질이 투입된다. 어떤 새로운 균이 그런 강인한 미생물 속으로 들어오면 그 균은 거기서 퍼질 수 있는 기회가 봉쇄된다. 물이 담긴 용기가 열려 있으면 그런 미생물이 저절로 생긴다. 공기 중의 먼지를 통해 세균이 다른 힘을 빌리지 않고 그곳에서 늘어나기 때문이다. 물의 양이 많을수록 병원균을 더 잘 막을 수 있다. 열린 욕조라 하더라도 800리터의 물이면 그러한 위험을 충분히 막을 수 있다.

이러한 시각에서 볼 때, 샘물이 추가로 공급되지 않을 경우 잠수 목욕물이 적어도 1세제곱 미터는 되어야 한다는 규정은 합리적인 타협이었고, 건강을 보호한다는 측면과 물이 부족한 상황에서 오늘날에도 받아들일 수 있는 타협이었다.

우리는 유태인의 생물학 지식이 세월이 흐름에 따라 어느새 자취를 감춘 반면, 수백 년 뒤 유태인이 높은 위생학적 수준을 지니게 되었다는 사실에 주목할 필요가 있다. 순결한 사람들만 ─순결하다는 말은 외적으로 깨끗하다는 의미도 있었다─ 예배에 참여할 수 있었고, 가족 아닌 다른 유태인과 접촉할 수 있었다. 중세에 유태인의 유아 사망률은 이웃 기독교 민족보다 훨씬 낮았다. 몇몇 저자들[23)]은 이 같은 사실 때문에 페스트가 창궐할 때 유태인이 우물을 오염시켰다는 죄를 뒤집어쓴 거라고 말한다. 기독교인들은 유태인이 자기들보다 잘 지내는 이유가 이들이 방해 공작을 했기 때문이라 여긴 것이다. 아마 기독교인들은 유태인이 게토에 모여 살면서도 아주 높은 위생 수준을 유지했음을 몰랐을 것이다. 그렇기 때문에 유태인들의 위생 수준이 높아 그들의 자식은 살아남고 기독교인들의 자식은 죽고 만 것을 알 턱이 없었던 것이다. 오늘날의 지식으로 볼 때 당시의 기독교인들은 대부분, 좀 심하게 표현하자면, 오물 구덩이에서 살았기 때문에 이와 같은 상황이 벌어진 것은 그리 놀라운 일이 아니다.

# 8_ 인간은 어떻게 생기는가?

 이제 농업 이야기는 잠시 접어두고, 오늘날에도 현실성 있는 주제를 다루고자 한다. 즉 '인간의 생명은 언제 시작되는가' 라는 문제다. 인간의 생명은 수태와 더불어 시작되는가 아니면 아기가 태어날 때 혹은 그 사이 어느 때에 시작되는가? 이 문제는 무엇보다도 이것에서 비롯되는 정치적인 결과 때문에, 예를 들어 낙태 문제나 줄기 세포의 과학적인 이용에 대한 논의에서 오늘날에도 초미의 관심사다.

 이스라엘의 랍비들도 이 문제에 관심을 가졌는데, 처음에는 다소 사리에 맞지 않아 보이는 이유 때문이었다.

이스라엘에는 수확물의 사제 몫인 소위 '테루마(terumah)'라는 게 있었다. 사제에게 결혼하지 않았거나 아이 없이 과부가 된 딸이 있으면 그녀도 테루마를 요구할 수 있었다. 만약 사제의 딸이 결혼한 직후 남편이 사망했다면 어떻게 될까? 이 딸은 그 사이에 임신했을 가능성이 있다. 그럴 경우 그녀에게는 테루마가 없다. 다른 한편으로 딸은 자신의 권리로 주장할 수 있는 몫을 깡그리 빼앗길지도 모른다.

랍비 히스다는 탈무드에 거론된 이런 문제에 대해 답변을 해야 했다. 그는 다음과 같은 판결을 내렸다. 그 여자가 임신하지 않았다면 당연히 테루마를 받을 수 있다. 그러나 만약 그녀가 임신했을 경우 수태 후 40일까지의 태아는 '순전한 물'에 해당하므로, 결혼 후 40일까지는 그녀에게 요구권이 있다고 판결했다.

이것은 재미있는 판결이다. 왜냐하면 히스다는 인간의 생명이 시작되는 경계선을 정확히 보여주고 있기 때문이다. 이런 경계선이 생물학적으로도 의의가 있는 것일까?

이는 전적으로 의의가 있다. 많은 생물학자들은 막 수태된 난세포에 인간의 신분을 부여하는 것은 의미가 없다고 본다. 세포가 분열해서 쌍둥이가 생길 가능성이 있기 때문이다. 그렇다면 이는 두 인간이 될지도 모른다. 게다가 세포가 수태되었다고 해서 다 인간으로 성장하는 것은 아니며, 그럴 기회는 50퍼센트

미만이다. 한편, 오늘날의 견해로는 완전히 발육한 태아는 어쨌든 인간이다. 그러므로 성장해가는 난세포가 인간과 유사한 점을 갖자마자 이것에 인간의 신분을 부여하는 문제를 곰곰이 생각해볼 수 있을지도 모르겠다. 수태 후 최초의 며칠 동안은 결코 그렇지 못하다. 임신 후 35일까지 태아는 인간과 유사한 점이 없다. 예를 들어 태아에 꼬리가 달려 있고, 크기는 10밀리미터 이하다. 약 40일에서 50일 정도 되어야 태아는 인간과 유사한 모습을 뚜렷이 보인다. 그러므로 수태 후 40일쯤을 경계선으로 정하는 것이 사리에 맞아 보인다. 그때부터 성장해가는 태아는 인간인 것이다.

고대 그리스와 로마의 몇몇 철학자들의 견해는 이와 다르다. 스토아 학파는 '태어난 후 14년이 되어야 비로소' 완전한 인간으로 인정했다. 이러한 견해는 특히 고대 그리스에서 갓 태어난 아기를 밖에 내다버리는 행위를 덜 비인간적으로 여기는 관습에 기여했다. 이에 대한 논의가 시대에 뒤떨어진 것으로 치부될 수도 있다. 그리고 고대의 견해가 오늘날 살아 있는 사상가에게 주된 관심사가 아닐지도 모른다.

예를 들어 철학자이자 소위 '생존하는 가장 영향력 있는 윤리학자'인 페터 징어는 고대 그리스인의 태도를 증거로 내세운다. 그는 새로운 생물학주의의 선구자 가운데 한 사람이다. 그는 정신적 장애가 있는 사람을 동물과 같은 상태로 인정하려 하며, 개인의 상태를 오직 자기 인식에 대한 능력으로 평가해야 한다는 견해를 보인다. 그는 아이들에게는 이러한 능력이 없다고 생각한다. 아이들은 자신들의 삶에 부모의 관심이 있을 때만 삶에 대한 정당성을 갖는다. 『슈피겔』의 인터뷰에서 징어는 심지어 앞에서 언급한 기간에 동의한다. 그는 인간은 태어난 지 일정한 기간이 지나야 비로소 완전히 가치 있는 인간이 된다고 말한다. 그러나 다른 출전을 근거로 이 기간을 태어난 지 14년 후가 아니라 28일 후로 설정한다. 징어의 견해에 따르면 부모들이 아이들을 키울 것인지, 과학 실험용으로 쓸 것인지, 장기 기증용으로 활용할 것인지를 확정하는 데 이 기간이면 충분할 것이라고 한다(혹은 고대 전통에 따라 숲에 내다버릴 것인가).

징어는 유태 전통을 불충분하다고 분명하게 퇴짜놓는다. [24]

유태의 기록물 중에서 미슈나와 탈무드는 이 문제를 심도 있게 다룬다. 태아는 언제, 어떻게 발육하는가? 이미 서술한 것처럼 이러한 텍스트는 논증의 형식으로 쓰여 있다. 흥미롭게도 이 텍스트에는 다른 문화의 견해들도 간접적이지만 빈번히 다뤄진다. 어떤 랍비는 다른 문화의 견해를 자신의 견해로 말하기도 한다. 그런 다음 이 견해를 받아들일 것인지 말 것인지를 결정한다. 미슈나(니다 3장 7절)에서 임신한 여자의 순결 계율에 대해 논의하면서 남성 태아와 여성 태아의 발육 과정을 다루고 있다. 랍비 이스마엘은 남성 태아는 40일 후, 여성 태아는 80일 후에야 완전히 발육된다는 논거를 제시한다. 하지만 다른 랍비들은 이러한 논증이 불완전하다고 비판한다. 남성 태아와 여성 태아는 발육 과정이 똑같다는 것이다.

> 어떤 여인이 40일째 되는 날에 무언가를 분비한다면 그녀는 출생을 고려할 필요가 없다. 41일째 되는 날에 그렇다면 그녀는 월경을 하는 여자로서 남자아이나 여자아이의 경우(아이를 낳는 경우)와 같은 상태가 된다(태도를 취한다)고 한다.
>
> 랍비 이스마엘이 이렇게 말한다. 41일째 되는 날에 무언가를 분비한다면 그녀는 월경을 하는 여자로서 남자아이나 여자아이를 낳을 때와 같은 상태가 되고, 81일째 되는 날에 그렇다면 그녀는 월경을 하는 여자로서 남자아이나 여자아이를 낳을 때와 같은 상태가 된다. 왜냐하면 남자아이는 41일 후에 형성되고, 여자아이는 81일 후에 형성되기 때문이다.
>
> 현자들이 이르기를 남아의 형성은 여아의 형성과 마찬가지로(둘 다 똑같이 신속하게 진행된다) 81일 후에 이루어진다(미슈나 니다 3장 7절).

미슈나의 이 부분이 왜 중요한가? 랍비 이스마엘은 예나 지금이나 가장 명성이 높은 고대 철학자 아리스토텔레스의 견해를 따르기 때문이다. 경험적인 토대는 없었지만 사실 아리스토텔레스는 자신의 저서에서 많은 것을 알려주었다. 예를 들어 여성은 남성보다 치아가 적다는 사실 같은 것이다. 혹은 우리가 이미 보고한 바 있는 자연발생설에 대해서 말이다.

물론 여성 태아와 남성 태아가 서로 다르게 발육하는지, 어떻게 다르게 발육하는지는 생물학적인 문제만은 아니다. 사회에서 여성의 법적 지위도 이러한 논증선에 근거를 두기 때문에 이것은 정치적인 문제이기도 하다. 이와 관련해서 아버지와 어머니가 태아에 도움이 되는지, 어떻게 도움이 되는지가 더 중요하다. 이럴 경우 여러 가지 가능성을 생각해볼 수 있다.

1. 부모의 한쪽(주로 아버지)만이 발육에 도움이 된다.
2. 아버지와 어머니의 '유전자'가 서로 싸움을 벌여서, 부모의 한쪽이 우위를 점한다.
3. 아버지와 어머니는 태아의 발육에 동등한 권리로 참여한다.

유태인(몇몇 그리스 철학자들도 그렇듯이)은 분명히 오늘날에도 유효한 3번을 선호했다. 서기 1300년 무렵에 생겨난 유태 신비주의의 주저인 『소하르』에는 시적인 내용이 표현되어 있다.

> 새 인간을 만드는 데 신, 아버지, 어머니 등 세 가지 요소가 필요하다. 아버지는 자기 안의 흰 것을 뿌려 그것에서 뼈, 손톱, 뇌와 흰자위가 생겨난다. 어머니는 자기 몸의 빨간 것을 뿌려 그것으로 피부, 살, 머리카락, 눈동자가 생겨난다. 신은 그에게 영혼, 정신, 얼굴 모양, 시력, 청각을 부여한다. […] 시간이 되면 신은 인간에게서 자기로부터 왔던 것을 빼앗고, 아버지, 어머니에게서 온 것을 남겨준다(소하르, 쉐모트 3*b*). **25)**

아리스토텔레스는 이를 완전히 다르게 본다. 그는 이 문제를 형식과 질료에 관한 자신의 철학으로 고찰한다. 그는 아버지는 '형식'을 제공하고 어머니는 '질료'를 제공한다고 보았다. 그는 이를 의자의 제작과 비교한다. 가구공은 걸상의 '이념'을 가지고 있다. 그는 목재로 걸상을 만든다. 마찬가지로 남자는 이념, 그러므로 새로운 인간의 정보를 갖고 있다. 어머니는 질료, 그러므로 태아가 살아가는 데 필요한 영양소를 제공한다. 남자는 남자의 '이념'을 제공하기 때문에 완전한 정보를 전달하면 남자가 생겨난다. 이때 실수하면 여자가 생긴다. 그렇기에 여자란 불완전한 남자와 다름없는 것이다.

오늘날의 관점에서 보면 자연에 관한 이런 순진한 생각에 미소짓게 된다. 하지만 고대 그리스에서는 이러한 시각이 아무런 권리도 갖지 못한 여성을 억압하는 토대가 되었다. 오늘날에도 공연되는 아이스킬로스의 희극『오레스테이아』의 제3부『자비의 여신들(Eumenides)』에서 특히 이 점이 잔혹하게 나타난다. 고대 문헌학자 마이어는 이것을 "세계 문학에서 가장 중요한 작품 중의 하나"며 "추측컨대 인간 정신의 가장 위대한 성과물"이라고 했다. [26]

이 이야기는 아가멤논의 아들 오레스테이아와 그의 어머니 클리템네스트라에 대한 것이다. 트로이 전쟁에서 돌아온 오레스테이아는 어머니에게 연인이 생겨, 이 남자와 함께 아버지를 때려죽인 사실을 확인한다. 오레스테이아는 이들을 살해한다. 『오레스테이아』의 제3부에서는 어머니를 살해한 그에 대한 재판이 진행된다. 아폴로 신이 그의 변호인으로 친히 법정에 나타나 클리템네스트라가 오레스테이아의 어머니란 사실을 반박한다. 이를 인용해보자.

…근거를 제시하기 위해 다음 사실을 덧붙이겠다. 어머니라 일컬어지는 자는 아이를 낳은 여자가 아니라, 태아를 품은 암컷일 뿐이다. 암컷은 수태하고 낳는다. 신이 모태에 화를 일으키지 않는다면 암컷은 손님을 후하게 대접하는 주인의 영지에 맡겨진 것만 지켜줄 따름이다… [27]

이 재판은 그의 무죄 판결로 끝난다.

로마 문화에서도 여성은 아무런 권리가 없었지만, 집안의 가장인 남성은 부인뿐만 아니라 자식들의 생사에 대해서도 절대적인 권한을 행사했다.

반면, 고대 이스라엘 여성의 지위는 사뭇 달랐다. 물론 여성들이 남성과 동일한 권리를 누린 것은 아니다. 당시 전 세계에 남녀 평등권을 누린 곳은 아무 데도 없었다. 하지만 고대 이스라엘의 여성은, 독일에서는 부분적으로 20세기 초에도 누리지 못한 많은 권리들을 지녔다. 이와 같은 사실은 서기 2세기에 한 이스라엘 여성이 싸워서 쟁취한 판결문 모음집을 통해 알 수 있다. [28]

이 여성의 삶은 감동적이다. 그녀는 재산이 있었고, 과부인 상태에서 재혼했으며, 자신과 아이들의 유산 문제로 두 인척과 싸움을 벌였다. 그녀는 바르 코흐바 폭동(서기 135년)이 끝날 무렵 로마의 포위 공격자들을 피해 사해(死海) 위쪽의 한 동굴에 틀어박혀 살았기 때문에 그녀의 이야기는 아주 소상히 알려져 있다. 그녀는 중요한 모든 서류를 그곳으로 가져갔다. 애처롭게도 그녀는 굶어 죽어서 이 서류는 그녀에게 이렇다 할 도움이 되지 못했다. 그러나 그 서류가 이런 식으로 완전무결하게 보존되었기 때문에 오늘날의 역사가와 여권 운동가들은 그녀에게 고마워하고 있다.

여러 해 동안 그녀는 다음과 같은 법률 행위들을 성공적으로 관철시켰다.

- 그녀는 어머니에게서 토지를 물려받았다.
- 그녀는 이혼할 경우 자신에게 재정 지원을 해주도록 남편들과 계약을 맺었다.
- 그녀는 아들의 후견인들을 고소했다.
- 그녀는 남편들과 무관한 자기 재산이 있었다.
- 그녀는 둘째 남편에게 돈을 빌려주고 계약에서 토지를 담보로 신용 대부의 안전을 확보했다.
- 그녀는 의붓딸의 재산 관리인이었다.
- 그녀는 둘째 남편의 유산을 둘러싸고 친척들과 소송을 제기했다.

고대 그리스와 로마에서는 여자가 이런 법률 행위를 한다는 것은 생각도 할 수 없는 일이다. 독일에서는 20세기 초에 들어서야 가능했다. 독일에서는 1970년대 초, 연방헌법재판소(BVG)의 판결이 있을 때까지 결혼한 여자가 혼자 노동 계약에 서명조차 할 수 없었다. 남편이 항상 같이 서명해야 했던 것이다!

# 9_ 지속성

 이러한 모든 규칙에도 불구하고 다음과 같은 질문이 제기될 수 있다. 위기 상황에서는 어떨까? 그 상황에서도 생태학적 규칙들을 지킬까 아니면 내팽개쳐버릴까? 전시(戰時)에는 어떻게 행동할까?
 그리스인의 경우에는 불을 보듯 뻔하다. 이들에게 전쟁이라는 개념은 단어 그대로 '불탄 대지'를 의미한다. 베버(Weber)의 책에 기록된, 기원전 6세기에서 3세기 동안의 통상적인 선전 포고문에 나오는 구절을 인용해본다.

> …우린 너희의 들판을 목양장(牧羊場)으로 바꿔버릴 것이다! [29]

 이 말을 사람들은 액면 그대로 받아들였다. 이소크라테스에 따르면, 기원전 6세기 말 제1차 신성전쟁 동안 그리스인은 델포이와 코린트 만 사이의 크리사 평원을 완전히 황폐하게 만들었다. [30] 그리스인들은 적군의 도시를 포위 공격할 때 자신들의 신성한 숲조차도 무자비하게 불태워버렸다 [31]고 헤로도토스(그리스의 역사가, 기원전 484?~425?년-역주)는 기록하고 있다. 또 베버는 "땅의 황폐화는 전쟁과 동의로 사용될 정도로 전쟁 수행의 전술·전략적인 방법으로 간주되었다" [32]라고 쓰고 있다.
 그러면 유태인의 경우는 어떠했을까? 다음 구절을 보자.

> "여러분이 어떤 성을 점령하려고 오랫동안 포위하고 있을 때 도끼로 과일 나무를 찍지 마십시오. 과일은 여러분이 먹어야 하므로 과일 나무를 찍어서는 안 됩니다. 나무는 여러분이 싸워야 할 대상이 아닙니다."(신명기 20장 19절) [33]

 대개 모든 규칙이 내팽개쳐지는 전시에서도 유태인들은 환경을 우선적으로 염려하고 있음을 알 수 있다.

# 지속성의 계율

유태인에게 이러한 염려가 얼마나 중요한 문제였는지를 다음의 성서 구절에서 살펴보자.

> 6 "만일 여러분이 나무나 땅에 있는 새의 보금자리에서 어미 새가 새끼나 알을 품고 있는 것을 보거든 그 어미나 새끼를 다 잡아가지 마십시오. 7 새끼는 가져가도 좋지만 어미는 반드시 놓아주어야 합니다. 그리하면 여러분이 복을 받고 장수하게 될 것입니다."(신명기 22장 6~7절)

이제부터 토대가 되는 확실한 원문에서 벗어나 설명하고 해석하려 한다. 이런 내용이 성서에 적혀 있는 이유는 무엇 때문인가? '그리하면 네가 복을 누리고 장수하리니'라는 문장이 있는 이유는 무엇인가? 이 문장이 정녕 중요한 것인가?

어쨌든 그러하다. 정확한 단어 선택이 그리 중요하지 않다는 사실에 대해 성서의 다른 구절을 증거로 제시할 수도 있을 것이다. 하지만 이 인용문에서 중요한 것은, 유태인의 견해에 따르면, 신이 직접 작성한 신의 정확한 계율이라는 점이다. 그러므로 말 한마디 한마디가 모두 중요하고, 그것은 깊이 생각해서 표현된 것이 분명하다. 수많은 신학자들도 그랬고, 오늘날에도 이 문제를 진지하게 숙고하고 있다. 그러므로 신의 계율을 이행함으로써 특별한 복을 얻는다면 여기에는 어떤 중요한 의미가 있음이 분명하다.

흥미롭게도 '그리하면 네가 복을 누린다'는 문장은 성서에서 아주 드물게 등장한다. 또 다른 부분은 십계명 중 제4계명에서 발견된다.

> 너희는 너희 하나님 나 여호와가 명령한 대로 너희 부모를 공경하라. 그러면 내가 너희에게 줄 땅에서 너희가 복을 누리며 오래오래 살 것이다(신명기 5장 16절).

거의 모든 문화에서 부모를 공경할 것을 가르치고 있으며, 중국에서는 이것이 강박관념으로까지 이르고 있다. 이러한 사실로 볼 때 제4계명이 이해가 된다. 그런데 성서의 다른 부분에서는 이것이 덜 중요한 것으로 여겨진다. 장담하건대 당시 이스라엘에서는 이러한 인용문에 기술된 상황에 아직 도달하지 않은 것으로 보인다. 자연에서는 나무 위나 거리에서 우연히 알을 품고 있는 어미와 새집을 발견할 수 있다. 오늘날에도 우리가 이런 것을 본 사람을 만난다면 반가울 것이다. 그렇지만 세계적으로 이제 '아무에게도' 이런 일이 일어나지 않을 거라 확신한다. 그런 일을 보았다면 필자에게 편지를 보내달라! 나는 기꺼이 당신을 알고 싶다.

생물학자나 조류학자라면 왜 그런 일이 일어나지 않는지 잘 알 것이다.

- 야생 조류들은 결코 쉽게—이 단어를 통해 우연히 표현되는 것처럼—눈에 띌 만한 장소에 둥지를 틀지 않는다. 둥지들은 눈에 보이지 않게 위장되어 있다. 어떤 저자는 이 세계에서 가장 외진 곳에 가서도 망을 보며 새들이 나타나기를 기다리는 데 많은 시간과 에너지를 들였다. 그와 취미가 같은 친구들이 우연히 둥지를 발견하는 게 아니라 주의 깊게 찾아다녀야만 발견할 수 있는 것이다.
- 둥지를 발견한다 하더라도 알을 품고 있는 어미는 결코 발견하지 못할 것이다. 땅 위에서 알을 품는 새들은 특히 그렇다. 이런 경우 어미는 해를 가할 잠재적인 위험이 있는 발견자의 관심을 둥지에서 다른 곳으로 돌리려 할 것이다. 조류들은 대부분 어미새가 다친 척하거나 날개가 부러진 척하면서 관심을 다른 데로 유도한다. 그러면 약탈자는 어미새가 만만하게 보여 어미새를 잡으려 할 것이다. 약탈자를 둥지에서 멀리 떨어진 곳으로 유인한 후 어미새는 훌쩍 날아올라 몰래 둥지로 돌아갈 것이다. 어쨌든 어미새가 그냥 둥지에 앉아 있는 일은 '결코' 없으리라.

그러므로 이것은 우선 아무런 의미가 없다. 이 계율이 특별히 강조되고 있음에도 이것은 실제로 결코 일어나지 않는 상황에 적용된다. 그렇다면 왜 이런 구절이 쓰여 있는 걸까?

미슈나의 저자들도 이 점에 대해 의문을 가졌다. 이들은 이 계율을 상세히 연구해서 다음과 같은 결론에 이른다.

1. 이 계율을 지킴으로써 특별한 복을 얻을 수 있기 때문에 이를 아주 중요하게 생각해야 한다.
2. 이 계율을 단어 그대로 볼 것이 아니라 하나의 알레고리로 보아야 한다.

그렇다면 이 계율이 말하려는 것은 무엇일까? 이는 유태인이 계속 자연을 관리하며 살아야 한다는 것을 의미한다. '지속성'은 현대 환경운동의 표어 중 하나가 되었다. 그리고 많은 독자들은 이 말이 무슨 뜻인지는 정확히 알지 못해도 여러 번 들었을 것이다. 최근에 들어서야 좀더 많은 사람들이 지속성의 개념을 알게 되었지만, 이것은 18세기부터 독일의 임학(林學)에서 정의되고 실천되었다. 이러한 원칙을 가장 함축성 있게 표현한 때도 이 시기에 해당되므로, 이를 인용하고자 한다.

'영원히' 매년 가져갈 수 있는 것 이상으로 산림이 매년 벌

목되지 않으면 임학이 지속적이라고 불린다. [34]

독일은 일찍이 이런 인식을 한 까닭에 숲이 그토록 무성한 것이다.

성서 인용문이 나타내고자 하는 의미는 바로 이것이다. 즉, 성장하는 어린이는 없애도 되지만, 예비품인 어머니는 보존해야 한다는 것이다.

이를 통해 성서가 놀랄 정도로 현대성을 띠고 있음을 알 수 있다. 전 세계적으로 모든 환경 전문가들은 지속적인 관리만이 지구를 살릴 것이라는 데 의견을 같이하고 있다. 이 때문에 지속성은 브룬트란트 보고서, 아젠다 21과 함께 1992년 리오 회의와 그후의 모든 세계적인 환경 회의의 표제어가 되었다. 하지만 유감스럽게도 기업에서는 대부분 단기적인 행동으로 이끄는, 소위 주주 가치(shareholder-value)가 우세하다. 미국 MIT 대학의 경제학자 레스터 서로(Lester Thurow)는 "자본주의의 최대 취약점은 근시안적인 시각에 있다"며 자본주의를 비판한다. 그는 또 오늘날 환경 문제를 해결하는 데 자본주의 사회는 전적으로 무능하다고 간주한다. [35]

하지만 고대 이스라엘에서 모든 관리는 절대적인 지속성을 겨냥했다. 전 세계가 그러했듯이, 1750년 무렵까지 이스라엘은 일차적으로 농경 사회였기 때문에 지속성은 무엇보다도 농경의 토대가 유지되어야 함을 의미했다. 이를 목표로 하는 몇 가지 원칙들을 이미 앞에서 다루었다.

- 토양이 황폐해지지 않도록 하고, 복원될 시간을 갖도록 주의를 기울였다.
- 음식 규칙은 생태 시스템을 온전하게 하는 데 목표를 두었다.
- 숲은 건드리지 않았고, 전시에도 벌목해서는 안 되었다.

 유태인은 지속성을 유지하기 위해 한층 많은 노력을 기울였다. 이러한 사실은 음식 규칙이나 자연을 대하는 법을 규정하는 다른 계율에서만 발견되는 것이 아니다. 유태인의 사회 구조나 이와 관계 있는 계율들은 다른 모든 것에 우선하는 지속성의 원칙에 도움을 준다.

# 생물윤리학

 다음 명제들은 다소 사변적이고 지금까지 다뤄온 것을 훨씬 넘어선다. 1970년대에 학문적 문헌에서 처음으로 생물윤리학의 개념이 정의되고 연구되었다. 생물윤리학자들은 인간을 둘러싸고 있는 환경과 조화롭게 살기 위해 인간이 어떤 규율을 정하고 어떤 것을 금지해야 하는가에 관심을 갖는다. 많은 생물윤리학자들이 다음과 같은 두 가지 문제를 생태적이고 지속적인 관리를 방해하는 요소로 보고 있다는 사실이 주목할 만하다.

## 1. 사적인 토지 소유의 문제

1949년에 알도 레오폴드가 처음으로 이것을 문제삼았다. 위스콘신, 매디슨 대학의 교수였던 그는 야생생물관리학과를 설립했으며, 자연보호에 관한 미국 최초의 이론가이자 개척자 중 한 사람이다. 그는 『샌드카운티 연감』에서 이렇게 쓰고 있다.

> 오늘날까지 인간과 땅, 그 위에서 성장하는 동물과 식물의 관계를 기술하는 윤리가 존재하지 않는다. 『오디세이』의 여종처럼 토지와 땅은 여전히 사적인 소유다. 땅과의 관계는 여전히 경제적인 것이며, 토지 소유인은 영원히 지속하는 특권을 지니지만 아무런 책임도 지지 않는다.
>
> 제반 사실들을 올바르게 평가해볼 때 윤리적 원칙을 토지 소유자와 그의 땅의 관계로 파악하는 것은 진화의 가능성이자 생태학의 필연성이다. [···] 에스겔과 이사야 시절 이래로 개별적인 사상가들은 땅을 약탈하는 것이 부적절할 뿐만 아니라 그릇된 일임을 번번이 지적해왔다. 그렇지만 이러한 견해는 지금까지 사회에서 입증되지 않고 있다. 나는 오늘날의

자연보호운동을 그러한 입증의 태아라고 간주한다. [36)]

개인이 땅을 소유하면 지속적이고 생태학적으로 관리하는 것이 매우 힘들어진다는 말이다.

## 2. 이자 문제

여러분이 숲과 제재소를 소유하고 있다고 가정해보자. 독일의 숲은 2퍼센트의 성장률로 증가한다. 여러분이 지속적으로, 생물 윤리적으로 엄격하게 관리한다면 매년 최대 2퍼센트의 숲을 벌채해도 남아 있는 양은 항상 일정할 것이다. 남은 숲을 더 많게 하려면 나무를 더 적게 베어야 한다. 어쨌든 여러분은 최대 2퍼센트의 수익률을 올리게 된다.

은행이 여러분의 돈에 대해 4퍼센트의 이자를 지불한다고 가정해보자. 경영학적으로 볼 때, 숲을 다 베어 목재 판 돈을 은행에 맡기는 것이 이치에 맞을 것이다. 우리 경제에서도 이러한 태도가 종종 발견된다. 예를 들어 기업들이 연구비를 줄이거나 일부 사업체들을 팔려고 내놓는 행위가 이에 해당된다.

여러분이 제재소를 차리기 위해 대출을 받아 5퍼센트가 넘는 이자를 지불해야 할 때도 이와 유사한 일이 벌어질 것이다. 이때 생물 윤리적으로 관리한다면 여러분은 부채를 결코 갚지 못한다. 그러므로 여러분은 살아남기 위해서 비지속적으로 행동해야 한다.

이로써 자연은 자연스럽게 이용되지 않는 셈이다. 자연에서 성장률은 한계가 있다. 높은 이자율 때문에 인간은 생물 윤리에 반하는 행동을 하게 되는 것이다.

유태인은 이런 문제를 어떻게 해결했을까? 이들은 50년 희년을 통해서 해결했다. 성서에는 이런 구절이 있다.

> 14 너희는 땅을 사고 팔 때 서로 속이지 말아라. 15 그 값은 다음 희년까지 남은 햇수를 계산하고 이용 가치를 따져서 결정해야 한다. 16 만일 다음 희년까지 남은 햇수가 많으면 값을 많이 받고 남은 햇수가 적으면 값을 적게 받아야 한다. 그러므로 사고 파는 가격은 다음 희년까지의 남은 햇수와 수확량에 비례한다. 17 너희는 값을 서로 속이지 말고 너희 하나님을 두려워하라. 나는 너희 하나님 여호와이다. 18 너희는 내가 정해준 법과 규정을 그대로 준수하라. 그러면 너희가 그 땅에서 안전하게 살 것이다(레위기 25장 14~18절).

> 23 "그리고 너희는 토지를 팔 경우에 아주 팔아 넘기는 조건으로 팔아서는 안 된다. 이것은 토지가 너희 것이 아니라 내 것이며, 너희는 다만 그 토지를 사용할 수 있도록 허락받은 소작인으로 나와 함께 있는 나그네에 불과하기 때문이다.

> ²⁴ 토지를 매매할 때는 본래의 소유자가 언제든지 그 토지를 다시 사들일 수 있는 권한이 계약상 인정되어야 한다(레위기 25장 23~24절).

이 구절들은 확신을 지닌 자본주의자들에게는 순전히 공포일 것이다. 이 구절들은 다음과 같은 의미를 내포하고 있다.

- 모든 신용 대부는 희년까지만 적용된다. 이 해에는 '모든' 부채가 면제된다. 따라서 이자와 가격 수준은 희년까지 남은 시간에 따른다. 신명기에는 이러한 규정들이 더욱 강화되고 있다. 망명 후의 시기에는 신용 대부가 다음 안식년까지, 즉 최대 7년간만 유효했다. 동시에 이자를 받는 것도 금했다. 이자를 받지 못하게 하는 규정은 성서에서 축복과 관련해서 세 번 등장한다.

> ¹⁹ "여러분은 같은 이스라엘 사람에게 돈이나 양식이나 그밖에 어떤 것을 빌려주고 이자를 받지 마십시오. ²⁰ 여러분이 외국인에게는 이자를 받을 수 있으나 여러분의 동족에게 이자를 받아서는 안 됩니다. 여러분이 동족에게 이자를 받지 않으면 여러분의 하나님 여호와께서 여러분이 들어가 차지

할 땅에서 여러분이 하는 모든 일에 축복을 주실 것입니다. 21 여러분이 여호와께 맹세한 것은 빨리 이행하도록 하십시오. 여러분의 하나님 여호와께서는 반드시 그것을 요구하실 것입니다. 여러분이 맹세한 것을 지키지 않으면 그것은 죄가 됩니다(신명기 23장 19~21절).

- 모든 토지는 49년 동안만 소유할 수 있다. 희년마다 '모든' 토지 소유는 새로 분배된다. 그러나 특정한 조건하에서 '영원히' 소유해도 되는 도시의 가옥에는 적용되지 않는다.
- 누군가 돈을 치를 수 없는 형편일 때 혈족 중 한 명이 부채를 대신 갚지 않는다면 그는 강제 노역에 처해진다. 하지만 그는 늦어도 희년에는 자유의 몸이 된다.

생물윤리학자가 볼 때는 이 모든 것이 그야말로 낙원이나 다름없다. 이스라엘에서는 이러한 방식으로 이자가 금지되며, 동시에 과도한 사적인 토지 이용을 못하게 한다. 이렇게 함으로써 위에서 언급한 두 가지 문제점이 해결된 셈이다!

유태인들은 이러한 규칙을 생물 윤리적인 깊은 생각을 통해 설정했음을 알 수 있다. 왜냐하면 49년이 지난 후에 토지를 새로 분배하는 것과 같은 몇몇 규율은 땅에만 적용되기 때문이다.

도시에는 희년이나 안식년이 없었고 토지도 재분배되지 않았다. 사실 이것은 생물 윤리적인 이유에서 보더라도 불필요하다. 이런 점에서 여기서 예외 규정들이 만들어질 수 있는 것이다.

물론 고대 이스라엘에는 공산주의가 지배하지 않았다. 토지를 사적으로 소유했고, 신용 대부가 있었으며, 심지어 노예들도 있었다.

사적인 이윤 추구는 생산적이고 효율적인 사회를 위해 반드시 필요하다. 공산주의 체제에 비해 시장경제가 우월한 것도 이에 근거한다. 사실 오랜 기간—당시에 인간의 평균수명은 50세 정도였다—이긴 하지만 명확하게 시간 제한을 둠으로써 생물학적으로 뿐만 아니라 사회적으로 자기 파괴적인 시장의 힘은 어느 정도 제약을 받는다. 이스라엘에는 부자도 있고 가난한 사람도 있었다. 부자들은 계속 부자로 살았고, 가난한 사람들은 계속 가난하게 살았다. 그럼에도 불구하고 이스라엘 사회는 당시의 다른 사회보다 분명 평등을 지향했다.

## 작은 가축

유태인들은 전시에도 지속성을 엄격히 지켰음을 이미 기술한 바 있다. 하지만 이들에게 지속성의 계율은 보다 광범위했다.

오늘날의 자동차는 지속성의 계율에 터무니없이 모순되는 것이다. 자동차가 달리려면 엔진이 필요한데, 이것은 무진장 있는 게 아니고 '다음에 생겨나는' 것도 아니다. 게다가 자동차는 이산화탄소를 발생시켜 온실 효과를 유발한다.

미국의 대통령이 '자동차 도시' 디트로이트에서 청중에게 다음과 같이 말한다고 생각해보자. "자동차는 다가오는 세대의 생존 기회를 줄이고 있습니다. 자동차들은 지속적이지 않기 때문입니다. 지금부터 자동차가 달려서는 안 됩니다. 게다가 우리는 이곳의 자동차 공장들을 빽빽하게 만들고 있습니다." 분명 그의 재임 기간이 몇 시간까지는 아닐지라도 며칠 남지 않았을 것이다. 이러한 지시는 결코 관철될 수 없을지 모른다.

하지만 고대 이스라엘에는 이러한 계율이 실제로 있었으며, 그것이 준수되었다! 이에는 다음과 같은 전사(前史)가 있다.

지속성을 별로 중히 여기지 않은 로마인들은 유태전쟁(서기 66~70년) 중 땅을 완전히 초토화시켰다. 당시 유태인의 종교 중심지였던 성전이 오늘날에도 보존된 통곡의 벽까지 파괴된 것으로 보아 그 상황을 짐작할 수 있다. 전쟁 후 좋은 땅은 로마인이 차지했다. 유태인은 로마의 농경 시스템으로 볼 때 매력적이지 않은 덜 비옥한 언덕으로 피신할 수밖에 없었다.

이제 보통의 경우라면 어떤 일이 일어날까? 우리는 수많은 예에서 이를 정확히 알고 있다.

주민들은 그러한 재앙을 겪은 후 농사짓는 일을 그만두고 작은 가축, 염소, 양을 키우기 시작한다. 하지만 전혀 다른 문화권의 다음 인용문에서 보듯 무엇이 땅에 파국적인 재앙을 가져다 주는가는 분명하다.

> 황소 산의 숲들은 한때 정말 아름다웠다. 하지만 대도시 근처에 숲이 있었기 때문에 자주 벌목되었다. 자연의 아름다움이 훼손되었을 것이다. 낮에 나무들이 도끼에 잘려나가는 동안 밤에는 숲이 비와 이슬로 양분을 섭취해서 새싹들이 자라났다. 그런 다음 양과 염소가 와서 새싹들을 먹어치우는 바람에 산은 황량해졌다. 그리고 사람들은 다시는 삼림이 아름답고 무성하게 될 수 없다고 생각했다(서기 3세기, 중국, 맹자). [37]

현재 세계 도처에서 이런 일이 벌어지고 있다. 오늘날 유엔이나 세계은행은 작은 가축을 키우는 것이 중국이든 이란이든 전 세계적으로 숲을 황폐하게 만드는 가장 중요한 원인이라고 보고하고 있다.

들판이 파괴되고 들판을 빼앗긴 후 유태인들도 분명 다시 염소와 양떼를 길렀을지 모른다. 요셉의 이야기에서 볼 수 있듯이, 가축을 키우는 것은 오랜 전통이었기 때문이다.

하지만 그들은 가축을 길러서는 안 되었다. 계율이 그것을 금지하고 있었기 때문이다.

1992년 리오 회의에서 세계 강국들이 그랬던 것과 유사하게, 서기 70년경 유태의 랍비들은 땅과 문화가 완전히 파괴된 후 어떻게 해야 할 것인지 논의하기 위해 함께 모였다. 하지만 리오에서와 달리 당시 회의에 참가한 랍비들의 열기는 대단했으며, 실제로 결의를 하기도 했다. 유태인에게 작은 가축을 키우는 것을 금지했던 것이다!

작은 가축을 키우는 것이 부자가 되는 최상의 방법 중의 하나임을 모를 리 없을 텐데도 그들은 이런 결의를 했다. 이것은 탈무드에 명시적으로 표현되어 있다! 주민이 경제적으로 한계 상황에 처해 있고, 돈이 꼭 필요했음에도 불구하고 유태인들은 지속성이라는 이유 때문에 가장 돈벌이가 좋은 경제 분야를 못 하게 된 것이다.

어쨌든 유태인이 이러한 계율을 지켰다는 사실은 매우 놀랍다. 왜냐하면 랍비에게는 정치적 힘이 없었기 때문이다. 랍비에게 이러한 힘이 있었다 하더라도 유태인이 순종했다는 사실이 더욱 놀라울 따름이다. 오늘날 각 나라의 정부가 마약 거래를 금지하고 있음에도 엄청난 수입 때문에 이를 포기하지 못하는 사람들이 많기 때문이다. 게다가 작은 가축을 기르는 일을 성서에서 직접 금하고 있는 것은 아니다. 오히려 그 반대다. 처음 몇

장(章)에서는 신의 은혜가 가축 떼가 자라고 번성하는 일로 표현되고 있는 것이다!

랍비의 통찰력과 용기에 경탄을 금할 수 없다. 랍비들은 생물학적인 필연성을 의식하고 그런 결의를 한 것이다. 탈무드에는 다음과 같은 말이 나온다.

> 이스마엘이 가로되 나의 선조들은 북쪽 갈릴레이의 집주인이었다. 이것이(소유지가) 파괴된 유일한 이유는 이들이 작은 가축을 숲에 방목했기 때문이다(바빌로니아 탈무드, *bB. Quam 80a*).

이런 사실에서 알 수 있듯이, 유태인에게 지속성의 계율은 성스러운 것이었다. 너무나 성스러운 것이었기에 극도의 고통과 쓰라린 가난에 처했으면서도 장기적인 생존 기회를 위해 단기적인 이득을 포기했다. 이런 일은 전 세계에 유례가 없다. 어쨌든 아데나워는 (그가 생태학적인 안목을 지녔다 하더라도) 제2차 세계대전 후 감히 폴크스바겐 공장 문을 열지 못하게 할 수는 없었을 것이다.

그렇다면 대체 이러한 계율이 어떻게 지켜졌을까? 극도로 엄격한 사회적 통제를 통해서 가능했다. 이는 탈무드의 꽤 과격한 이야기로 알 수 있다.

랍비들은 이렇게 이야기한다. 어떤 신앙심 깊은 남자가 병이 들었는데, 의사들이 와서 매일 신선하고 따뜻한 우유를 마시라는 말밖에는 도와줄 방도가 아무것도 없다고 말했다. 의사들이 침대에 염소 한 마리를 묶어두어 그 남자는 매일 신선한 우유를 마실 수 있었다. 어느 날 친구들이 그를 찾아왔다. 그의 침대 맡에 염소 한 마리가 있는 것을 보고 친구들은 발길을 돌리며 말했다. "우린 그의 집 안으로 들어갈 수 없다. 그의 집에는 무장 강도가 살고 있기 때문이다." […] 임종을 맞는 침상에서 그 남자는 이렇게 말했다. "내가 알기로 나는 아무런 죄도 짓지 않았다. 친구들 말을 듣지 않고 '염소 한 마리를 키운 것밖에는.'"(바빌로니아 탈무드, *bQuam. 80a*)

작은 가축을 키우지 않은 결과 장기적으로 땅에 이득이 되어, 640년 아랍인에게 정복당할 때까지 땅은 다시 비옥해졌다. 오늘날 이런 발전을 보인 곳은 어디에서도 찾아볼 수 없다.

# 10_ 유태인은 어떻게 이런 통찰을 하게 됐는가?

　고대 이스라엘의 유태인이 심오한 생물학적 지식을 지니고 있었고, 지속적인 사회를 건설하는 데 이 지식을 이용했다는 것을 이제 여러분은 납득했으리라 기대한다. 이제 이런 질문이 제기될 수 있을 것이다. 유태인은 어떻게 이런 지식을 갖게 되었을까? 혹시 실험을 했던 것은 아닐까?

　탈무드를 보면 유태인들이 실제로 실험을 한 것으로 보인다.

　유감스럽게도 유태인은 자신들의 지식을 '고대 유태 백과사전' 식으로 적어두지 않았다. 이들이 기록한 것은 종교 서적의 성격을 띤 것밖에 없다. 하지만 라반과 야곱의 이야기에서 알 수 있듯이, 이 기록물들은 생물학적인 지식을 전제로 쓴 것이다. 그렇기에 유태인의 생물학적 지식에 대한 정보를 얻으려면 이러한 책들을 힘들여 공부하고 이들의 생물학적 지식을 타진해봐야 한다.

흥미롭게도 유태인의 생물학적 지식에 대한 최상의 통찰은, 오늘날의 시각에서 볼 때 정도를 벗어난, 종교 문제에 대한 토론을 다룬 책에서 밝혀진다. 그러한 몇몇 문제들은 토대가 되는 생물학적 사실들이 토론에 포함된 경우에만 해결책이 발견될 수 있다. 문제의 해결책이 발견되고 기록으로 명시된 방식으로 유태인의 지식 수준을 가늠할 수 있는 것이다.

유태인은 안식일을 성스럽게 여긴다. 안식일과 관련된 규칙들은 매우 엄격해서 이날에는 어떤 방식으로든 일을 해서는 안 되고, 일과 무관해 보이는 활동도 해서는 안 된다. 집에 있는 친숙한 물건들조차 이리저리 옮길 수 없다. 안식일을 위한 축제 의식에서 음식물 나르는 일이 사전에 '허용된' 경우를 제외하고는 음식물을 날라서도 안 된다. 유태인들에게는 이런 규칙이 활발하게 적용되었다. 오늘날과 마찬가지로 당시 이스라엘 사람들은 사회적인 접촉 범위를 협소하게 유지했다. 물론 함께 식사하는 것도 협소한 범위의 접촉에 속했다. 그러므로 안식일은 이웃 가족들이 서로 방문해 함께 식사하는 것으로 생각해야 한다.

이들이 이런 일을 하기 전에 의식을 행하고 음식에 대한 축복의 말을 해야 한다. 이때 두 가지 경우가 구별되었다. 우선 음식을 축복할 때 들판의 열매들이 중요한 문제가 되었다. "땅의 열매를 창조하시는 하나님"(이것을 '축복 1'로 지칭하겠다)이 첫째 축복의 말이었고, "만물은 하나님의 말씀으로 창조되었다"('축복 2')가 둘째 축복의 말이었다.

이스라엘에는 기생목과 유사하게 기생하며 자라는 구기(枸杞)속 식물이 있다. 봄에 자라는 이 열매에는 영양소가 풍부하기 때문에 사람들은 이것을 열심히 모아서 먹었다. 그러나 이러한 사실에서 유태 신학자들에게는 문젯거리가 하나 생겼다. 대체 이러한 열매에 어떤 축복의 말을 해야 할 것인가? 수풀에서 식물이 자라는 경우 '축복 2'가 적용될 수 있다. 하지만 땅에서 자라는 식물들에게서 영양소를 흡수한다면 '축복 1'이 적용될 수도 있다.

사실 오늘날의 독자에게는 상당히 궤변적인 문제 제기로 여겨질 것이다. 그러나 종교의 영향을 광범위하게 받고 있는 고대 이스라엘의 사회에서는 이러한 문제를 해명하는 것이 매우 중요했다.

탈무드 학자들은 구기속 식물이 자라는 수풀을 베어버리기로 결정했다. 기생식물이 죽는다면 '축복 1'이 적용되겠지만 그렇지 않다면 '축복 2'가 적용될 것이다. 기생식물이 죽었기 때문에 문제가 해결된 셈이다.

우리가 아는 한, 이것은 세계 최초의 식물학적 실험이다. 이때 우리는 실험을 칼 포퍼적인 의미에서, 말하자면 하나의 가설을 위조하는(혹은 두 가지 가능성을 구별하는) 가능성으로 정의한다. 당시에 탈무드 학자들이 바로 이렇게 행동했던 것이다. 유럽에서는 17세기에 이르러서야 인식의 발견을 위해 목표를 겨냥한 실험을 했다.

게다가 이러한 자연과학적인 사고방식은 당시 인식에 이르는 방법을 둘러싼 지배적 확신과 완전히 상반되는 것이었다.

- 아리스토텔레스나 플라톤은 실험으로 인식을 얻는 것이 부적절하다고 간주했다. 이들이 택한 방법은 추론이나 논리였다. 유감스럽게도 이들은 거의 2000년 동안이나 생물학에 막대한 영향력을 행사했다. 그러다가 17세기에 와서야 비로소 요한 밥티스트 폰 헬몬트가 식물생리학에 실험적인 방법을 도입했다.
- 헬레니즘과 이집트 문화에서는, 서기 3세기 무렵에 알렉산드리아에서 실험을 한 학자들이 있었다. 바로 초기의 연금술사들이다. 하지만 이들에게는 자연의 법칙을 이해하거나 발견하는 것이 중요한 문제가 아니었다. 그 전에 이들은 이미 자연법칙을 철학적 숙고로 추론해냈기 때문에 이러한 행위가 이들에게는 가소로운 것으로 치부되었을지도 모른다. 이들은 자연을

고상하게 만들려고 했다. 이에 대한 모티프는 구원이었다. 한스 베르너 쉬트는 이렇게 쓰고 있다. "…무릇 연금술에서 중요한 문제는 구원이다. 그것도 세계에서의 구원이 중요한 문제였지, 세계로부터의 구원이 중요한 문제가 아니었다. 사실 이러한 정화된 정신을 새로 적절하게 구현함으로써 육체적인 것으로부터 정신의 해방으로서의 구원이 중요한 문제였다. 근대의 실험실에서 연금술의 대가는 불안을 느꼈을지 모른다. 그는 완전히 가치 중립적인 [38] 자연과학으로 치부되는 화학에 경탄할지 모르지만, 화학이 그의 마음에 들지는 않을 것이다." [39] 반면, 당시의 랍비들은 오늘날의 생물학과에 대해 아주 기분 좋게 느낄 것으로 우리는 확신한다. 분명 신학부에서보다는 더 기분 좋게 느낄 것이다!

하지만 실험하는 것으로 충분한 것은 아니다. 고대에는 생물학적 지식을 구축하기 위해 어떠한 일반 전제가 주어져야 했는가?

이것은 물론 어려운 질문이다. 여기에는 여덟 가지 전제가 반드시 필요할 것으로 생각한다.

1. 자원의 제한성이 감지될 수 있는 삶의 조건
2. 생태학적 연구에 적합한 환경 조건

3. 어느 정도 안정된 사회
4. 엘리트가 일반 민중과 접촉을 갖는 사회
5. 축적된 인식이 적당한 방식으로 다음 세대에 전수되는 배움의 전통
6. 실험을 수행하고 실수를 통해 배울 수 있는 가능성
7. 상응하는 신학
8. 상응하는 생태학

여기서는 이러한 목록을 상세히 논하려는 것이 아니라 몇몇 항목을 지적하고자 한다.

## 땅의 구조

유태인들은 농업과 문화의 건설에 있어 부적당한 지역에서 살아야 했다. 그럼에도 불구하고 이들은 극심한 기아에 시달리지 않고 1700년 동안이나 살아남을 수 있었다.

# 사회의 건설

유태 사회는 종교의 의미를 통해 오늘날의 사회와 근본적으로 구별되었다. 중세 이후의 유럽이나 그리스, 로마와 달리 유태 사회는 세속적인 권력과 종교적인 권력이 서로 분리되지 않았다. 전체적인 권력은 신에게 있었다.

소위 '신정정치'의 구조는 다른 문화에서도 낯설지 않다. 예를 들어 이집트와 중국에서도 이와 유사한 것이 있었다. 물론 유태인은 바로와 같은 신적인 황제를 알지 못했고, 이러한 유형의 다른 문화에서와 달리 유태인들에게는 두드러지는 사제층이 없었다. 부사제라는 사제 계층이 있긴 했지만 이들은 부를 획득할 수 없었고, 마을의 성전에서 복무하며 농촌 주민에게서 음식물을 제공받았다. 그래서 중세의 수도원과 달리 일반 민중과 격리되어 살 기회가 없었다.

이스라엘의 사제 계층은 종교적인 권력도 전적으로 행사하지 못했다! 성서가 대부분 부사제에 의해 쓰이지 않았다는 사실을 사람들은 이에 대한 근거로 삼는다. 성서의 많은 저자들은 선지자로 간주된 사람들이다. [40] 이들은 대부분 정상적인 직업을 가진 채 활동했다(예수도 목수였고 사제가 아니었듯이). 이 때문에 이스라엘에서는 민중과 유리된 엘리트가 형성될 수 없었다.

# 문자 해독

문자 해독과 관련해 성서에는 다음과 같은 재미있는 구절이 발견된다.

> 18 "그러므로 여러분은 이 명령들을 마음에 소중히 간직하고 또 이것을 여러분의 손과 이마에 매달아 항상 기억하십시오. 19 그리고 여러분은 이것을 여러분의 자녀들에게 가르치고 집에 있을 때나 길을 갈 때나 잠자리에 들 때나 아침에 일어날 때나 이것에 대하여 항상 이야기하고 20 또 여러분의 집 문기둥과 문에 이 말씀을 기록해두십시오. 21 그러면 천지가 없어지지 않는 한 여러분과 여러분의 자손들은 여호와께서 여러분의 조상들에게 약속하신 땅에서 길이길이 복을 누리며 살게 될 것입니다(신명기 11장 18~21절).

이와 같은 계율이 당시에 벌써 준수되었다는 사실을 쿰란의 두루마리 성서를 통해 알 수 있다. 오늘날까지도 메수소트(Mesusot)에서 이러한 글을 발견할 수 있다. 메수소트(단수 : 메수사)는 플라스틱이나 목재, 금속으로 만든 작은 상자를 말하는데, 그 속에는 작은 종이 한 장이 들어 있다. 이 종이에 위의 구절이 적혀 있는 것이다. 메수소트는 유태교 신자가 사는 집 모든 방의 오른쪽 문기둥에 붙어 있다.

위의 구절이 말하고자 하는 바는 성인이 된 (남자) 유태인은 읽고 쓸 줄 알아야 한다는 사실이다. 만약 그렇지 않다면 "성서 학자를 불러 그가 너의 집에 이 글을 쓰도록 하라"나 이와 유사한 내용이 적혀 있을지 모르기 때문이다.[41] 늦어도 바빌로니아 유배에서 돌아온 이후에는 모든 이스라엘 어린이들이 의무적으로 학교에 다녀야 했고, 이런 일이 충분히 가능하기도 했다.

다른 고대 문화에서는 문자 해독률이 10퍼센트 이하였다. 물론 이스라엘에서도 문자 해독률이 100퍼센트였던 건 아니다. 그러나 미슈나를 보면 '모든' 유태인이 어느 정도 글을 읽을 줄 아는 기본 지식이 있었음이 전제된 것을 알 수 있다. 목수였던 예수가 예배당에서 성서를 낭독했을 때 아무도 놀라지 않았다. 성인이 된 유태인 남자는 당연히 글을 읽을 수 있는 것으로 생각했기 때문이다.

## 성서의 세계상

성서에 따르면 세계가 어떻게 창조되었는가? 이는 맨 처음에 기록되어 있다.

태초에 하나님이 우주를 창조하셨다(창세기 1장 1절).

아마 이것이 성서에서 가장 잘 알려진 구절일 것이다. 하지만 이 구절이 유태인의 세계상과 자연 이해에 어떤 의미가 있는지는 별로 알려져 있지 않다. 비교를 위해 인근 지역의 몇몇 문화로 시선을 돌려보자.

바빌로니아에는 매우 복잡하고 믿을 수 없을 정도로 장황한 창조 신화가 있다. 물론 이 신화에는 천지가 창조된 게 아니라 신들 이전에 이미 천지가 존재하고 있었다. 그리고 몇몇 신들의 탄생과 신들이 서로 싸움을 벌여 마침내 마르두크가 승리함으로써 바빌로니아 최고의 신이 되었다는 내용이 담겨 있다.

그리스와 로마의 경우에는 사정이 다르다. 여기서는 곳곳에 신들이 우글거린다. 샘물이며 강, 경작지마다 자신의 신을 갖고 있는 것이다.

반면에 유태인의 경우는 완전히 다르다. 이들은 신이 자연을 창조했지만, '자연 자체가 신적이지는 않다'고 생각했다. 그리고 문화 전체가 종교적이었다. 즉 세속적인 재판권과 신적인 재판권이 분리되어 있지 않았다. 이러한 사실이 자연에도 적용되었기 때문에 유태인에게는 생태학적인 죄와 도덕적인 죄가 똑같이 중요한 문제였다. 유태인은 전일적인 세계상을 지녔던 것이다. 여기에서 다음 세 가지 결과를 끄집어낼 수 있다.

- 생태학적인 문제가 생겨 땅이 황폐해지거나 백성이 말라리아로 고통을 겪는 경우, 이는 유태인의 잘못된 행실(즉 죄지은 삶)을 벌하는 것이었다. 이 때문에 율법은 인간 상호간의 삶은 물론 자연을 대하는 태도도 규율했다.
- 자연이 신적이지 않기 때문에 사람들은 자연을 연구해도 되고, 실험하거나 관찰하면서 자연에 개입해도 된다. 더욱이 자연이 사람들이 이해할 수 있는 규칙에 따른다는 추론은 이러한 사정과 무관하지 않다.
- 신이 자연을 창조했다면 탐구하는 것은 예배와 다름없음을 의미한다. 자연의 법칙을 자세히 관찰함으로써 신의 월등함과 힘을 찬미하게 되는 것이다. 유태인은 이러한 견해를 더욱 진척시켰다. 미슈나에 이런 글이 적혀 있다.

> R. 시몬은 이렇게 말한다. "누군가가 길을 가면서 배우다가, 배움을 그만두고 '이 나무가 얼마나 아름다운가, 이 들판이 얼마나 산뜻한가'라고 말한다면 이러한 태도는 율법에 의해 그는 자신의 영혼에 죄를 지은 것과 마찬가지로 취급된다."
>
> (미슈나 아보트 3.8)

그러므로 유태인은 자신의 세계상에서 생물학적인 실험과 관찰을 수행할 가능성만 지닌 것은 아니었다. 이들은 그렇게 하도록 의무를 지고 있었다. 몇몇 예들에서 살펴본 것처럼 상당한 생물학적 지식 없이 유태교는 지켜질 수 없다.

성서에서 발견되는 풍부한 생물학적 지식은 성서가 생겨난 역사를 암시해줄 수도 있다. 이전의 '중간 판본'들이 보존되어 있지 않기 때문에 생태학적 지식이 어떤 경로로 성서에 유입되었는지는 전해지지 않는다. 그렇지만 유태인의 생물학적 지식이 장기간에 걸쳐 발전한 것이 틀림없다는 사실은 납득할 만하다. 이들은 생태학적인 파국에서 배움을 얻고 점점 법칙성을 인식할 수 있게 되었다. 구약성서의 중요한 부분들이 최종판으로 생겨난 시기인 기원전 500년보다 수세기 전에 벌써 이러한 지식이 존재했음이 확실하다. 성서의 저자들이 생물학 지식을 바빌로니아 주변 환경에서 얻지 못했을 수도 있다. 그곳은 꽤 궁핍한 지역이었기 때문이다. 따라서 유태인이 생물학 지식을 가지고 바빌로니아로 가서 그곳에서 오늘날의 형태로 기록했음이 분명하다.

우리는 또 몇 가지 중요한 사실을 지적하고 싶다. 거의 모든 종교에서는 신의 계율로 간주되는 규칙을 기록함으로써 이것이 영원히 고정된다. 이는 물론 세월이 흐름에 따라 새로운 규칙을 도입하거나 옛 규칙을 변경하고 싶을 때 문제점으로 드러난다. 왜냐하면 이는 신성 모독의 형태를 띨 것이기 때문이다. 샤리아, 즉 코란에 따른 판결을 도입하고 싶어하는 근본주의적인 이슬람 사회가 오늘날 야만적으로 여겨지는 것도 이런 이유에서다. 7세기에 쓰인 (당시에 진보적이었던) 코란에 대해 오늘날 사람들은 여러 면에서 좀 다르게 생각한다.

하지만 성서에 대한 고대 유태인의 정신적 태도는 코란에 대한 이슬람 근본주의자들의 그것과 확연히 구별된다. 작은 가축을 기르지 못하게 금지한 사실에서도 알 수 있듯이 유태인은 필요하다고 생각할 때는 규칙을 폐기하고 새 규칙을 도입하는 것를 문제 삼지 않았다.

미슈나에서 어떤 종류인지 알려져 있지 않은 새들에게 취한 방식을 통해서도 알 수 있다. 미지의 새가 날카로운 갈고리 발톱을 가지고 있다면 살코기를 뜯어먹고 살아갈 수 있기 때문에 불결한 것으로 간주했다. 만약 그런 발톱을 갖고 있지 않다면 배를 갈라 위를 살펴봐야 했다. 벗기기가 쉽도록 위에 두꺼운 내피(內皮)가 있다면 씨앗을 먹는 순수한 새이므로 먹어도 되었다. 닭을 잡아본 사람이라면 이를 쉽게 알 수 있을 것이다. 닭은 씨앗을 먹고 이를 기계적으로 잘게 부수기 위해 위에 조그만 돌멩이들을 담고 있다. 물론 그러려면 위내막이 두꺼워야 한다.

이러한 처리 방식을 성서 원본에서는 발견할 수 없다. 그러므로 수정이 필요하다고 판단했을 때 랍비들은 원래의 텍스트를 무시하는 것을 문제 삼지 않았다. 이로써 이들이 완전히 논리적이긴 하지만 새로운 작업 지침을 통해 텍스트의 정신을 보완하면서, 소위 기본법에 대한 새로운 주해를 통해 그 정신을 따를 수 있었다. 이러한 방식으로 성서는 오늘날 독일의 헌법과 유사하게 새로 쓰일 필요 없이 늘 최신 상태를 유지했던 것이다.

## 땅을 지배하라?

카를 아메리(Carl Amery)는 1974년에 상당한 주목을 받은 『섭리의 종말―기독교 신앙의 무자비한 결과에 관해』[42]를 썼다. 그는 이 책에서 기독교뿐만 아니라 유태교도 환경을 파괴하고 자연에 무관심하다고 비판했다. 이와 관련해서 그는 오늘날에도 즐겨 인용되는 창세기 1장 28절을 빗대어 말한다.

> [26] 그리고서 하나님은 "우리의 모습을 닮은 사람을 만들어 바다의 물고기와 공중의 새와 가축과 온 땅과 땅에 기어다니는 모든 생물을 지배하게 하자" 하시고 [27] 자기 모습을 닮은 사람, 곧 남자와 여자를 창조하셨다. [28] 그리고 하나님은 그들을 축복하여 이렇게 말씀하셨다. "너희는 많은 자녀를 낳고 번성하여 땅을 가득 채워라. 땅을 정복하라. 바다의 고기와 공중의 새와 땅의 모든 생물을 지배하라. [29] 내가 온 땅의 씨 맺는 식물과 열매 맺는 모든 나무를 너희에게 주었으니

그것이 너희 양식이 될 것이다. 30 그리고 땅의 모든 짐승과 공중의 모든 새와 땅에서 움직이는 모든 생물들에게는 푸른 풀과 식물을 내가 먹이로 주었다." 31 하나님이 자기가 창조한 것을 보시니 모든 것이 아주 훌륭하였다. 저녁이 지나고 아침이 되자 이것이 여섯째 날이었다(창세기 1장 26~31절).

이와 유사한 유보적 태도들이 현대 환경운동에 광범위하게 퍼져 있다. 유태 신학자뿐만 아니라 기독교 신학자도 성서에서 거론된 환경 문제에 회의적 태도를 취한다. 몇몇 개신교 신학자들은 오늘날의 요구 사항에 따르기 위해서는 성서의 문구를 고쳐 써야 한다고까지 말한다. 나아가 이들은 1970년 이 문제를 뉴욕타임스[43]의 1면에 싣는 데 성공했다.

가장 중요한 유태인 성서 주석자로 알려져 있는 랍비 라시(Raschi)는 이에 대해 뭐라고 쓰고 있는지 알아보자. 다른 신학자들과 마찬가지로 라시도 성서의 단 한 구절을 해석한 것으로 전 도서관을 가득 채우고 있다. 여기서 이 문구의 해석을 모두 설명하려는 것은 아니다(이를 위해서는 문헌을 참조하면 좋을 것이다). '지배하다(herrschen)'라는 뜻인 '비르두(wyirdu)'라는 단어의 해석이 가장 중요한 부분이다. 라시는 이것이 이 단어의 모든 의미를 포괄하지는 않기 때문에 그리 간단한 문제는 아니라고 말한다.

'비르두'라는 표현은 굴종과 마찬가지로 통치를 의미한다. 인간이 가치 있는 존재라면 그는 새와 동물을 다스리고, 그럴 만한 가치가 없다면 인간은 이것들보다 낮은 곳에 위치할 것이다. 그리고 이것들이 인간을 지배할 것이다. [44]

12세기에 프랑스에서 살았던 라시는 이것을 '왕의 은총(Königsheil)'이라는 고대 게르만적인 개념과 비교한다. 어떤 왕이 그럴 만한 가치가 있기 때문에 하늘로부터 통치권을 위임받는다—이것이 소위 '왕의 은총'이다. 왕의 은총을 소유하고 있음을 모든 사람이 분명히 알고 있는 한 그 왕은 무제한으로 통치해도 된다. 하지만 더는 하늘의 위임을 받고 있지 않음을 암시하는 상황이 도래하면, 왕의 은총이 넘어왔음을 증명할 수 있는 다른 사람이 통치권을 접수할 수 있다는 것이다. 이러한 근거를 제시함으로써 카롤링거 왕조는 메로빙거 왕조의 통치를 종식시킬 수 있었다.

라시가 볼 때 이는 생물학적인 의미에서 인간이 땅에 대한 지배권을 결코 영원히 넘겨받아서는 안 된다는 것을 뜻한다. 인간이 가치 있는 존재로 증명되지 않는다면 인간은 통치권을 **빼앗기는** 것이다. 이것은 다음과 같은 두 가지 의미를 지닌다.

▸ 세상은 정적이지 않고 변화한다. 라시의 이러한 개념은 당시

기독교 전통과 완전히 대립적이었기 때문에 그야말로 혁명적이었다. 완전히 정적인 세계상에서 출발하는 기독교 전통은 20세기까지 고수되었다. 많은 기독교 신자들이 다윈의 진화론을 인정하지 않는 것도 바로 이 때문이다. 몇몇 기독교 종파들은 오늘날에도 이러한 시각을 지니고 있다.

▸ 인간은 결코 자기가 원하는 대로 자연을 만들어서는 안 된다. 인간이 신의 뜻에 따라 행동하지 않는다면 인간은 지배권을 잃고 동물이 땅에 대한 권한을 넘겨받을 것이다.

중세의 또 다른 유태인 신학자 마이모니데스는 이 문구를 좀 다르게 본다. 그는 신이 인간보다 동물을 먼저 창조하고 "보시기에 심히 좋았더라"고 말한 것이 중요하다고 한다. 이것으로 미뤄볼 때 동물을 창조한 목적이 인간에게 복종하도록 하기 위함이 아니라는 것이다. 인간보다 먼저 동물이 창조되었고 동물이 하는 행동을 신이 좋게 생각하므로 동물에게는 나름대로 목적이 있다는 것이다. 마이모니데스는 이러한 사실을 별에 관한 글에서 상세히 설명하고 있다.

> 별은 지구를 비춰야 한다는 글이 있다고 해서 오류에 빠지지 마라. […] 너는 별들이 오직 이런 목적으로 창조되었다고 생각할지 모른다. 별이 밤에 빛을 발하는 특성을 갖도록 신이

원했다고 우리가 알고 있는 것은 별의 속성에 대한 올바른 정보가 아니다. '바다의 물고기를 다스리라'는 문구도 이와 유사하게 이해해야 한다. 여기서 말하고자 하는 바는 물고기가 이런 목적으로 창조된 것이 아니라, 이는 신이 인간에게 부여한 속성일 뿐이라는 사실이다. [45]

그러므로 '땅을 지배하라'는 문구 역시 인간이 자연을 마음대로 다뤄도 좋다는 뜻은 아니다.

기독교 신자들에게 아우구스티누스와 토마스 아퀴나스가 중요한 신학자로 생각되는 것과 마찬가지로 라시와 마이모니데스가 가장 중요한 유태 신학자로 거론되고 있음에도, 이러한 해석들은 세월이 흐르면서 사라지고 말았다.

그렇지만 많은 저자들이 격앙해서 성서가 자연에 대해 눈을 감고 우월감을 지니고 있다고 비난하거나 심지어 환경 파괴의 지침서로 간주하는 것은 분명 정당성이 결여된 판단이라고 말할 수 있다.

# 11_ 다른 문화의 생물학적 지식

고대 유태인들은 자신들의 율법이 특이하다는 사실을 의식하고 있었다. 특히 다음의 성서 구절을 보면 그 점이 잘 드러난다.

5 "나는 나의 하나님 여호와께서 명령하신 대로 여러분이 들어가 살 땅에서 지켜야 할 모든 법과 규정을 가르쳐주었습니다. 6 이 모든 것을 잘 준수하십시오. 그러면 여러분이 지혜와 지식으로 다른 민족들에게 명성을 떨치게 될 것입니다. 그들이 이 모든 법에 대해서 듣고 '과연 이스라엘 백성은 지혜와 총명이 뛰어난 민족이구나!' 하고 감탄할 것입니다.

⁷ 우리가 기도할 때마다 가까이하시는 우리 하나님 여호와와 같은 신을 모신 민족이 어디 있겠습니까? ⁸ 내가 오늘 여러분에게 가르치는 이 율법처럼 공정한 법을 가진 나라가 어디 있습니까?"(신명기 4장 5~8절)

요컨대 이는 오벨리스크나 개선문에서 드러나는 자찬과 비교해볼 때 아무 해가 없는 것이다. 그럼에도 불구하고 지구상의 다른 민족들이 어느 정도 유태인과 같은 고도로 발전된 생물학 지식을 지녔는지 살펴보는 것은 흥미로운 일이다. 여기서는 이것을 두 가지 면에서 살펴보려 한다. 먼저 유태인과 이웃해 있는 지중해 인근 지역과 고대 유태인처럼 열악한 환경에서 살아야 했던 민족들이 어떻게 지냈는지 살펴보자.

## 이집트인과 바빌로니아인

바빌로니아는 서양 과학의 발상지다. 탁월한 천문학자이자 수학자였던 바빌로니아인은 지중해 전체에 커다란 영향력을 미치고 있었다. 오늘날에도 이들의 영향력은 쉽게 입증된다. 1년을 열두 달로 나누고, 하루를 두 개의 열두 시간으로 쪼갠 주인공이 바로 바빌로니아인이다. 고대 이집트인들도 과학 수준이 높았지만 바빌로니아인의 '앞선 수준' 때문에 그리 부각되지 못했다. 그렇지만 탁월한 생물학 지식은 두 민족에 의해 전승되지 않았다. 폰 조덴(1985)은 "바빌로니아의 생물학은 전조(前兆)에 관한 가르침"이라고 말한다. 검은 고양이에 대한 나쁜 의미는 바빌로니아에서 유래되었다. 이러한 종류의 전조는 수만 가지나 존재했는데, 몇몇 전형적인 예를 소개하면 다음과 같다.

- 뱀이 어떤 사람을 공격해서 물면 그 자의 적수는 힘든 시간을 맞이할 것이다.
- 어떤 남자의 집에서 전갈이 뱀을 죽이면 이 집 주인의 아들이 아비를 죽일 것이다.
- 어떤 남자의 집에서 망구스(Manguste)가 뱀을 죽이면 이 집에 보리와 은이 넘쳐날 것이다.[46]

물론 폰 조덴은 이러한 모든 전조에는 어떤 경험적 토대가 존재할 수 없다고 결론 내린다.

『생물학의 역사』에 따르면, 고대 이집트는 생물학적 지식의 수준과 이에 대한 조건이 메소포타미아 지역 주민(바빌로니아인과 마찬가지로)들의 경우와 유사했다.[47] 아스만의 정평 난 저서에 따르면, 고대 이집트에는 마트(ma'at)라는 고도로 발전된 윤리적 규범이 존재했다. 이것은 인간과 인간, 인간과 사회의

관계를 규율했지만 자연을 대하는 규율은 발견되지 않는다. [48]

이제 이런 질문을 제기할 수 있을 것이다. 고도의 학문적 발달을 이룬 이집트인과 바빌로니아인들은 왜 훌륭한 생물학 지식은 지니지 못했을까? 이에 대한 답은 간단하다. 이들에게는 그런 지식이 필요치 않았던 것이다. 이집트인과 바빌로니아인들은 규칙적으로 범람하는 강가와 삼각주 지역에서 살았다. 이러한 조건에서는 농사짓는 일이 그리 큰 문제가 아니다. 헤로도토스는 이에 대해 이집트 예를 들어 다음과 같이 쓰고 있다. "더는 수확할 수 없을 정도로 진흙탕이 광범위하게 건조해졌을 때 들판에 씨를 뿌린다. 그런 다음 씨앗이 땅 속에 잘 들어가도록 사람들은 돼지 떼를 들판으로 몰고 다닌다." [49] 이러한 간단한 방법만으로 수많은 사람들을 충분히 먹여살릴 수 있었던 것이다. 강이 정기적으로 '총 사면'을 내려주기 때문에 환경 범죄를 저질러도 보복을 당하지 않는다. 바빌로니아와 이집트의 법률적·종교적·신화적인 텍스트에 특별한 생물학 지식이나 농업 지식이 등장하지 않는 것도 이 때문이다. 앞에서 이집트 재앙의 예와 야곱과 라반의 이야기를 통해 이를 부분적으로 밝힌 바 있다.

또 다른 점은 이집트인에게는 성스러운 동물이 있었지만 유태인에게는 없었다는 것이다. 유용하다고 인정받은 특정 동물을 보호하는 일은 높이 살 만하다. 하지만 그 동물을 숭배하는 것은 그리 높이 살 만한 일은 아니다. 유태인도 따오기를 보호했지만, 이집트인처럼 따오기를 미라로 만들어 숭배할 생각은 결코 하지 않았다. 그리고 기원전 1000년 동안이나 이집트인이 그랬던 것처럼, 갈대를 심은 인공 연못을 만들어 그 안에 따오기 집단 서식지를 조성한 다음 그것들을 죽여서 미라로 만드는 일을 유태인들은 결코 하지 않았다.

유태인들은 따오기를 숭배한 것이 아니라 살아갈 만한 공간을 확보해준 다음 가만히 내버려두었다. 동물을 신성하다고 칭하는 것은 이들을 깡그리 없애버리는 것만큼이나 해로울 수 있다. 인도에 가본 사람이라면 (그야말로 잘 알려진 신성한) 소들이 이 나라에 얼마나 짐이 되는지 잘 알 것이다. 전형적인 인도인들조차도 사실이 그렇다고 털어놓는 것을 들은 적 있다. '불순'하거나 '혐오스러운' 것으로 칭해진 동물들을 보호하는 것이 생태학적으로 볼 때 더 나은 방법이다.

## 그리스인과 로마인

반면, 그리스인과 로마인의 경우에는 농경 상태가 전혀 달랐다. 이들은 유태인처럼 농경에 부적합한 지역에서 산 것은 아니었지만, 그렇다고 비옥한 지역에서 산 것도 아니었다. 이탈리아와 그리스가 지속적으로 주도면밀하게 관리하지 않았다면 현존하는 생태 시스템이 완전히 파괴되었을지 모른다.

오늘날 우리는 이것이 정말 맞는 말이라는 것을 알고 있다. 이들은 자신들의 생태 시스템을 과도하게 이용하여 파괴해버렸다. 이 일은 로마인과 마찬가지로 그리스인이 수백 년 동안이나 배와 집을 짓느라 무성한 숲을 베어버리는 것으로 시작되었다. 그 결과 땅의 생산성이 점차 떨어져 결국에는 땅이 황폐할 것임을 이들이 알고 있었다는 점이 흥미롭다. 예를 들어 플라톤은 이에 대해 구체적으로 기술하고 있다. 물론 사람들은 이러한 인식에서 아무런 결과도 이끌어내지 못했다. 사람들은 이러한 결과를 불가피한 것으로 치부해버린 것이다.

토양이 씻겨 내려가지 않도록 하는 고도로 발전된 유태인의 농사법을 그리스인이나 로마인은 알지 못했다. 지속적인 관리는 이들에게 생소한 개념이었다. 고대에 농사에 관한 가장 중요한 저서를 쓴 콜루멜라는 농사짓는 데 유익한 토양이 유실될 수 있다는 생각을 단호히 배제했다.[50] 그러므로 이탈리아와 그리스 같은 나라에서 수백 년 동안 자행된 자연 파괴의 흔적이 오늘날까지 발견되는 것은 그리 놀랄 일이 아니다.

역사가 핀리(Finley)는 헬레니즘과 로마 세계를 분석함으로써 정신이 번쩍 들게 하는 결과에 도달한다.

> 농업에서는 […] 우리가 아는 한 눈에 확 드러나게 생산성이 높아진 적이 결코 없으며, 경제적인 합리성(막스 베버적인 의미에서)이 달성된 적도 없다.[51]

그렇기에 세월이 흐름에 따라 그리스와 로마에서는 식량이 부족해졌다. 이들은 다음과 같은 네 가지 방법을 동원하여 어려운 상황을 극복하려 했다.

### 1. 무역

고대 아테네는 연간 약 10만 톤의 곡물을 수입한 것으로 추산된다. 수입 자금은 전부 수출을 통해 충당했는데, 당시 아테네가 주도적으로 제조하던 고품질 도기가 주된 상품이었다. 그러므로 아테네를 뉴욕이나 런던과 비교하는 것은 사리에 맞지 않는다. 일본의 동경과 비교해볼 수 있겠다. 일본 역시 원료를 거의 수입하고 하이테크 상품을 팔아 그 자금을 충당하기 때문이다.

### 2. 전쟁과 곡물

이것은 로마인의 특기였다. 로마만 해도 연간 약 15만 톤의 곡물이 필요했다. 당시 로마제국의 전 지역에서 곡물을 수입했는데, 대상은 주로 이집트였다. 오늘날의 유조선과 같은 역할을 한 것은 당시 한 번에 밀을 1300톤까지 수송할 수 있었던 거대한 수송선이다.

### 3. 인구 조절

로마와 그리스에는 신생아(주로 여아)를 방치해서 기아로 죽게 만드는 풍습이 있었다. 이것은 개별적인 사건이 아니라 그리스사와 로마사의 광범위한 시기에 걸쳐 일어난 인구 조절 방법이었다. 심지어 플라톤과 아리스토텔레스는 기형인 젖먹이를 국가에서 살해해야 한다는 견해를 갖고 있었다. 리쿠르크(Lykurg)와 솔론이 편찬한 법전에 이러한 규정이 있었다.

### 4. 식민지 건설과 이주 정책

그리스에서는 주민의 일부를 이주시켜 식민지를 건설해가면서 인구를 감소시켰다. 아르키메데스가 살았던 시칠리아의 시라쿠사가 가장 잘 알려진 식민 정착지일 것이다.

로마인과 그리스인은 전시에도 자연에 죄를 지었다. 로마인이 카르타고를 파괴시킨 후, 불모지로 만들기 위해 들판에 소금을 뿌렸다는 유명한 이야기는 당시 통용되던 일반적인 관행을 반영한다. 그리스인이 전시에 자연을 어떻게 다뤘는지는 이미 언급했다. 로마인의 정신적 태도를 알 수 있는 또 다른 예는 원형 극장에서 수천 마리의 야생동물을 도살한 데서 잘 드러난다.

폼페이우스는 단 한 번의 축제를 위해 원형 경기장에 코끼리 20마리, 사자 600마리, 암표범 410마리, 코뿔소 1마리를 기증하기도 했다. [52]

유태인에게는 이런 대량 학살이 생소하고 범죄로 여겨졌을 것이다.

로마의 역사가 타키투스는 『역사』에서 주목할 만한 통찰력과 선견지명을 보여준다.

> 민족의 미래를 확실히 보장하기 위해 모세는 세계의 관습과 상이한 새로운 종교 관습을 도입했다. [53]

이보다 정확하고 적절하게 묘사하기는 어려울 것이다.

## 인디언

이웃 문화의 생활 방식이 유태인의 그것과 사뭇 달랐음은 앞에서 확인했다. 하지만 지구는 지중해 주변 지역보다 훨씬 넓다. 따라서 어려운 조건에서 지속적으로 관리한 다른 지역의 문화가 없었는지 살펴볼 필요가 있다.

다음과 같은 기준에 따라 그런 문화를 찾아보았다. 그 기준은 이렇다 할 생필품을 수입하지 않고 인구밀도는 높으며, 이에 따라 농업 수준이 높아서 생태 시스템이 감당할 수 있는 한계까지 간 문화여야 한다. 그리고 수백 년에 걸쳐 인구가 크게 변하지 않고, 문자가 있는 문화라면 생태학적 의식을 기록한 경전이 있어야 한다.

역사, 고고학 발굴물, 경전 기록물을 연구한 후 필자들은 다음과 같은 결과에 이르렀다.

- 인도와 중국도 이집트나 바빌로니아 민족과 유사한 조건에서 (강의 계곡에서) 발전했다. 이 때문에 생존 전략으로서 지속성이 우선 과제가 아니었다. 사실 중국에서는 11세기 초, 그러니까 중부 유럽 지역보다 약 600년 앞서 숲의 지속적 관리에 관심을 기울였다. 2000여 년 동안 서양에서 성서와 비교할 만한 지위를 누렸던 동양의 고전, 공자와 맹자의 책들에서는 자연 자원을 아껴야 한다는 언급이 간혹 발견된다. 하지만 자원 절약에 관한 엄격한 규율이나 완결된 체계는 포함되어 있지 않다.
- 아프리카 대륙에서는 위의 기준에 맞는 어떠한 예도 발견할 수 없었다. 우리가 아는 한 지속성의 개념을 중시하는 고도의 문화가 있었음을 입증할 만한 고고학적 발굴물이 존재하지 않는다.

▸ 호주는 영국인이 점령할 때까지 인구밀도가 너무 낮아서 질문할 필요가 없다.

아메리카에 남아 있는 태곳적 문화는 오늘날에도 깊은 감명을 준다. 이곳에서는 지속성에 대해 어떻게 인식했을까?

북미의 초원이나 캐나다, 알래스카의 숲 지대뿐만 아니라 안데스 서쪽의 남미는 인구밀도가 너무 낮아 지속성의 개념이 큰 역할을 할 수 없었다.

그리고 남미와 중미의 수준 높은 문화도 지속적인 발전에 대해 명백한 모범이 되지 못한다.

스페인인이 쳐들어왔을 때 잉카인과 아스텍인은, 1500년 전에 로마인이 그랬듯이, 주변 소국가들을 차례로 정복하고 자원을 소유하는 데 정신이 팔려 있었다. 과테말라와 유카탄 반도의 마야 문화는 스페인인이 들어오기 200년 전인 서기 1300년경에 붕괴했고, 이러한 파국에서 아직 회복되지 못하고 있었다. 땅의 지나친 이용과 사회적 갈등이 몰락의 원인이었던 것으로 생각된다.

그렇다면 이제 북미의 인디언 문화가 남는다. 카를 메이의 책을 탐독한 사람이나 '늑대와 함께 춤을'이란 영화를 본 사람들은 북미의 인디언이 물소를 모는 유목민이었다고 말할 수도 있다. 하지만 농사를 짓는 문화도 더러 있었기 때문에 이는 틀린 말이다. 그중에 마운드 빌더와 아나사치 문화를 보다 자세히 살펴보자. 여기서는 아나사치 문화를 고대 유태인과 같은 조건에서 살아야 했던 문화의 예로 간주한다.

먼저 미시시피 강 계곡에서 농사를 지으며 살던 마운드 빌더 문화를 살펴보자. 이들은 피라미드보다 큰 건축물을 만들기도 했다. 이것은 물론 돌멩이로 만든 게 아니라, 종교적 목적을 위해 흙으로 만든 경사가 완만한 구조물이었다. 이것은 '마운드'라 불리기도 한다. 구조물을 짓는 데 드는 엄청난 양의 흙을 운반하기 위해서는 수십 년에 걸쳐 수천 명이 동원되어야 했을 것이다. 그리고 발전된 조직 구조와 공동의 신앙이 있었기에 그런 기념비적 건축물을 세울 수 있었을 것이다. 이러한 피라미드로 통하는 특수한 행진로를 오늘날에도 몇몇 지점에서 목격할 수 있다. 그중에 가장 긴 호프웰로(路)는 100킬로미터에 달했다. 길의 양쪽에는 약 3미터 높이의 방벽이 설치되어 있었다. 약 3킬로미터마다 기능이 명확하지 않은 '헤라두라'라는 장소가 있었고, 거리가 일정하지는 않지만 곳곳에 '비교적 작은' 경배 장소가 있었다. 벽으로 둘러싸인 이 평평한 장소는 크기가 몇 헥타르 정도 되었다. 유럽에서는 이 행진로와 비교할 만한 구조물이 어느 시대에도 존재하지 않았다.

그러므로 미시시피와 오하이오 계곡에는 기원전 800년부터 서기 1300년까지 2000년이 넘는 기간 동안 옥수수를 경작하며 살아간 고도로 발전된 인디언 문화가 있었다. 이때 생긴 수많은 '마운드'들이 지금도 보존되어 있다. 이것으로 보아 이 문화가 높은 업적을 이룩했음을 알 수 있다. 조직화된 사회 질서를 지닌 노동 분업적인 사회만이 이러한 업적을 이룰 수 있기 때문이다.

하지만 이 사회에서는 지속성의 문제를 제기할 필요가 없었다. 부존 자원을 다 써버리기에는 인구가 너무 적었던 것이다. 1450년 전에 100만 평방 킬로미터가 넘는 면적에 200만~600만 명이 살았다. 게다가 이 문화는 직선적으로 발전한 게 아니라 순환적으로 발전했다. 수백 년에 걸쳐 위대한 건축물이 지어진 사이사이 어떤 시기에는 거의 건축 기념물이 생겨나지 않은 때도 있었고, 이주의 움직임이 있었으며, 버려진 정착지가 있었다. [...] 어떤 특정한 장소의 "땅이 더이상 비옥하지 않게 되면 이들은 다른 곳으로 이동했다." 스미스소니언 연구소의 미국 역사박물관 전임 소장 로저 G. 케네디는 이렇게 요약했다. 다음 글들은 그의 저서를 참고해 기록한 것이다.[54]

기원전 700년부터 스페인인이 나타난 서기 1550년까지 오늘날의 미국 남서쪽에 아나사치족이 마운드 빌더와는 상당히 독립적인, 고도의 인디언 문화를 건설했다. 차코 캐년(Chaco Canyon)이나 메사 버드(Mesa Verde) 같은 국립공원에 있는 이들의 건축물은 오늘날에도 경탄의 대상이다. 아나사치 인디언이 세운 가장 커다란 건축물은 차코 캐년에 있는 푸에블로 보니토다. 그것은 아주 정교한 담장이 있는 석조 건물로서 네 단계를 거쳐 지어졌으며, 5층 건물에 약 1100개의 공간이 있었다. 인구밀도가 가장 높았던 시기에는 1000명 이상의 인디언들이 살았다. 건물에는 필요한 모든 시설이 갖춰져 있었으며, 거기에는 아나사치족 특유의 남성 결사 조직이 집회하는 장소인 돔형 키바(Kiva)가 37개 있었다. 땔감은 차치하고서라도 차코 캐년의 건물들에 사용된 목재만 해도 가슴 높이에 지름 약 20센티미터인 나무 20만 그루 이상이 벌채되었을 것으로 추산된다!

캐년에 벨 나무가 없어지자 주변 지역과 연결된 도로망을 통해 100킬로미터나 떨어진 곳에서 나무들을 수송해왔다. 이런 일이 수레를 끄는 짐승을 부리지 않은 채 석기만을 이용해 이루어졌다. 천장을 떠받치고 있는 나무 줄기가 어찌나 매끄러운지 석기로 이런 일을 해냈다는 사실이 믿기지 않을 정도다.

이스라엘인들이 그랬듯이, 이 모든 일은 황무지 언저리에서 일어났다. 미시시피 강의 분지와 달리 토양이 비옥하거나 부식토가 풍부하지도 않았고 강수량도 적었다. 반면에 햇볕이 풍부했고 바람이 많이 불었다. 아나사치족은 차코 캐년에서 살아남기 위해 주도면밀하게 계획한 농업용 관개 수로를 발전시켰다. 이들은 댐을 만들고 저수지에 빗물을 모아 특별하게 가설된 운하를 통해 들판에 물을 댔다. 들판도 매우 정교하게 조성되었다. 물의 증발을 막기 위해 들판을 조그만 밭이랑으로 나누고, 나지막한 댐으로 둘러쌌다. 이렇게 함으로써 바람이 지표면에 바로 불어닥치는 것을 막아 물의 손실을 최소화할 수 있었다.

아나사치족은 몇백 년 이내에 주어진 상황에 잘 적응하고 최고의 효율을 내는 옥수수 품종을 개발해 살아갔다. 서기 1300년 무렵에는 경작 조건에 따라 달리 사용할 수 있는 수많은 옥수수 품종이 있었다. 고도로 발전된 농업의 토대에서, 호의적이지 않은 기상과 토양 조건에서 이들은 1500년에 니더작센 주와 맞먹는 인구밀도에 도달했다.

19세기 말, 아나사치족의 정착지에 처음 나타난 백인들은 오래 전부터 사람이 살지 않은 수많은 건물을 보고 입을 다물지 못했다. 초기 백인 정착민들은 건물을 노략질하고, 도기와 세공품을 기념품으로 팔아댔다. 20세기에 아나사치족의 문화 연구가 체계적으로 시작되면서 스페인인이 들어오기 전 200년 동안 왜 이 건축물을 내버려두었을까에 대한 억측이 분분했다. 먼저 인디언들의 싸움 때문일 것이라 추측되었으나, 곧 이런 생각이 배제되었다.

많은 연구 결과, 6세기의 아나사치 문화가 확장과 수축의 과정을 겪었음을 알게 되었다. 그리하여 이들의 건축 활동은 일정 간격을 두고 늘 새로운 정점에 도달한 것이다. [55)] 그러다 1300년 무렵에 마지막으로 수축 과정을 겪었다. 스페인인이 발을 디딘 이후로 전 미주 대륙에서 인디언들이 독자적인 문화를 펼치는 것이 불가능해졌을 때 이들은 아직 그러한 수축 과정에서 회복되지 않은 상태에 있었다.

이렇게 순환 과정을 겪은 원인에 대해 학계에서는 논란이 계속되고 있는데, 두 가지 가설이 우세하다. 첫째는 강수량의 주기적인 변화가 수축 과정을 일으키는 요인이라는 것이다. 이러한 기상 변화는 아나사치족의 건물에서 다량으로 발견되는 나무의 나이테를 통해 정확히 규정할 수 있다.

하지만 이런 변화를 지중해 남동쪽의 경우와 비교하면 아나사치족 땅에서 관찰된 기상 변동이 지난 150년 동안 팔레스티나에서 측정된 것보다 크지 않았음을 알 수 있다. 고대 팔레스티나의 경작 기술 최고 전문가로 알려져 있는 히브리 대학의 에브나리 교수는 고대의 기상 조건이 오늘날과 크게 다르지 않았을 것이라고 말한다.

한편, 이와 다른 견해도 있다. 아나사치족의 본질적인 문제는 기상 변동으로 야기되는 문제에 대처할 만큼 이들의 사회 구조가 단단하지 못했다는 데 있다는 것이다. 무엇보다 중요한 것은 이들에게 문자가 없어서 '문화적인 기억'을 구축할 가능성이 없었다는 점이다. 구전만으로는 복잡한 생태학적 실상을 다음 세대에 넘겨주기에 불충분하기 때문이다.

어찌 됐든 아나사치족이 매혹적이고 놀랄 정도로 수준 높은 문화를 지녔음에도 불구하고 지속적인 관리를 할 수 없었다는 것은 매우 슬픈 사실이다.

그렇기에 유태인의 역사를 살펴보면 다음의 성서 구절이 이와 관련 있어 보인다.

> [14] "하늘과 땅과 그 가운데 있는 모든 것이 다 여러분의 하나님 여호와의 것입니다만 [15] 여호와께서는 특별히 여러분의 조상들을 사랑하셔서 그들의 후손인 여러분을 많은 민족 중에서 택하여 오늘날처럼 되게 하셨습니다."(신명기 10장 14~15절)

우리는 유태 문화 이외에 그토록 열악한 상황에서 그렇게 잘 관리하고 살아남을 수 있었던 다른 문화를 발견하지 못했다. 이제 이러한 사실이 우리의 생각을 바꾸는 계기가 되어야 한다. 지금까지 부존자원의 한계에 봉착한 모든 민족들이 몰락했기 때문이다. 그리고 우리도 현재 이런 막다른 한계에 봉착했다는 데는 논란의 여지가 없다. 하지만 우리는 유태인의 예를 통해 수백 년 이상 존속하는 '지속적인 사회'를 구축하는 것이 가능하다는 희망을 갖게 된다. 그러나 현재 '지금까지처럼 그대로 계속해서'는 앞날이 그리 밝지 않다.

# 12_ 왜 그 지식이 사라져버렸는가?

　유태교와 기독교 신학자에게 오늘날 전승되어 내려오는 성서와 유태인 기록물에 생물학적이고 생태학적인 내용이 풍부하게 담겨 있다고 이야기하면 분명 별다른 공감을 얻지 못할 것이다. 신학자들은 대부분 전승된 기록물에 담긴 이런 부분에 대해 전혀 모르기 때문이다. 이는 창조에 대해 보다 합리적으로 접근할 것을 요구하는 대형 교회들의 기록물 때문이다. [56] 전승된 이 기록물에서 드러나는 실상이 교회 기록물에서는 인용되지 않는다. 어쩌면 이러한 무지는 독일의 신교와 구교의 '연대와 정의 속에서 하나의 미래를 위하여'라는 공동 문구에서 가장 극명하게 표현되는 듯하다. 독일 교회에서는 로마인에게 보내는 바울의 서신을 환경 문제와 관련된 가장 중요한 성서 구절로 본다.

> 20 피조물이 헛된 것에 복종한 것은 스스로 한 것이 아니라 하나님께서 그렇게 하신 것입니다. 21 그래서 그것들도 썩어질 것의 종살이에서 벗어나 하나님의 아들들이 누리는 영광스런 자유를 누리게 하려는 것입니다. 22 우리는 지금까지 모든 피조물들이 함께 신음하며 고통당하는 것을 알고 있습니다(로마서 8장 20~22절).

독일의 주교들은 '이러한 발언에 현대적인 의미의 생태학적인 풍습이 담겨 있지 않다'[57])고 인식하는 것이 분명하다. 분명한 행동 지시를 내리는 생태학적 풍습이 성서에 가득하다는 사실이 이들에게는 친숙하지 않은 것이다. 자연을 책임 있게 대하라고 촉구하는 교황의 조서에도 지금까지 이러한 문구를 언급한 예는 한 번도 없다. 유태 신학자의 경우에도 사정은 마찬가지다.

사실 고대 이스라엘은 높은 생물학적 지식 수준을 갖춘, 지속적으로 관리하는 사회의 모범적인 예였다. 그러나 당시의 모범적인 예들이 기록물의 형태로 남아 있거나 오늘날까지 변하지 않고 전승된 것들이 거의 없다. 왜 이런 일이 일어났는지 자문

해보지 않을 수 없다.

## 유태인

중세에는 성서와 탈무드에 기록된 지식이 대부분 존재하지 않았다. 사실 사람들은 탈무드와 모세 5경을 읽고 토론했지만, 이 책들의 광범위한 문구에 대해서는 공감하지 못했다. 오히려 그중에 어떤 규정은, 의학적인 종류든 다른 종류든 간에 준수하지 않도록 충고되었다. 규정들을 어떻게 적용할지 정확히 알지 못했기 때문이다. 이를 잘못 적용하다가는 자신과 탈무드의 저자를 우스꽝스럽게 만들 수도 있는 일이기 때문이다. 어떻게 이런 일이 일어날 수 있었을까? 어쩌면 다음과 같은 경향 때문이었을지 모른다.

▸ 서기 70년, 성전이 파괴되고 로마인이 유태인을 정복함으로써 국가의 소유 관계 구조가 바뀌고 땅의 이용도 변했다. 전에는 소작농이 대부분이었지만, 이젠 도시에 살고 있는 몇몇 사람들에게 토지 소유권이 넘어간 것이다. 신약성서에서도 이 점을 확인할 수 있다. 마가복음에는 토지 소유자들이 사람들을 고용하는 예가 비유적으로 기록된 정도지만, 마태복음과

누가복음에는 이러한 예가 훨씬 더 많아진다(요한은 훨씬 더 신비적으로 쓰고 '땅과 관련해서' 쓰지 않는다). 땅의 새 주인들은 농업 자체에는 별로 관심이 없고, 농업을 단지 목적을 위한 수단으로 보았다.

- 성전이 파괴된 후 처음 100년 동안은 유태인들이 땅의 이용 법칙을 중요하게 생각했다. 그러다 삶의 중심이 이스라엘에서 점점 지중해를 포괄하는 디아스포라로 옮겨졌고, 가장 큰 디아스포라 지역 중 하나는 바빌로니아에 있었다. 그곳에 사는 유태인들의 삶을 수월하게 해주기 위해 랍비들은 바빌로니아의 법도 성서의 율법만큼 구속력을 갖는다고 가르쳤다. 이는 안식년과 희년이 끝났음을 의미하는 것이다.
- 7세기부터 유태인은 자신들이 개간한 땅에서 추방되어 도시에서 살아야 했다. 첫 이주민들이 팔레스티나에 정착한 19세기 말이 되어서야 다시 농사를 짓는 유태인이 생겨났다. 1952년, 즉 1500년 이상 흐른 후에 다시 안식년이 시행되어야 했다. 그러나 시행할 수 있는 온갖 기회에도 불구하고 충분한 음식물이 없다는 이유로 포기하고 말았다.

유태인들이 생활 형편 때문에 농사를 짓지 않게 되면서 수준 높은 생물학적 지식을 유지할 수 없었다는 사실을 충분히 수긍할 만하다. 물론 모든 '지식'이 사라진 것은 아니다. 중세의 기록물과 유태인들의 관습을 통해 고대 이스라엘의 정신이 발견되기 때문이다. 이를 중세의 월등한 위생학 수준은 물론 라시나 마이모니데스의 경우에서도 보았다. 그렇지만 유태인은 점차 주변의 사고방식과 지식 수준에 적응해갔다. 오늘날의 이스라엘은 생태학적 의식과 관련해 특별히 두드러지는 점이 없다.

## 기독교도

사회적 상황이 바뀌고 도시에 살게 되면서 유태인들은 생물학적 지식을 차차 잊어버렸다.

기독교는 탄생한 후 처음 600년 동안은 도시민의 종교였다. 그러다 중세에 가서는 기독교도의 80퍼센트 혹은 그 이상이 농부였다. 이들은 구약성서도 종교적으로 구속력 있는 기록물로 받아들였다. 그럼에도 불구하고 이들이 유태인의 생물학적 지식을 받아들이지 않은 것은 무엇 때문일까? 이에 대해서 여러 가지 설명을 제시할 수 있을 것이다.

▸ 오랫동안 예수가 이 세상에 온다는 암시를 제공할 수 있는 한에서만 구약성서가 기독교도의 관심의 대상이 되었다. 이를 통해 예수는 구세주로서 권한을 부여받았다. 이러한 경우가 아닐

때는 구약성서를 기독교적인 가르침으로 그리 중요하게 여기지 않았고, 율법 규정에도 별로 관심을 두지 않았다.
▸ 기독교는 사도 바울 이래로 그리스 기록물, 특히 신 플라톤 학파의 저술의 영향을 받아 유태적인 뿌리에서 점점 더 멀어져 갔다. 알다시피 그리스인들은 자연에 대해 그리 깊은 관심을 갖지 않았다.
▸ 기독교는 탄생 후 처음 100년 동안 대도시의 소외 계층에 관심을 기울였으며, 이들에게서 압도적인 지지를 받았다. 이들은 농업에 별 관심이 없었다.
▸ 초기 기독교에 막대한 영향을 끼친 바울에게서 생물학적 통찰의 부족함이 발견된다. 유태인이며, 위대한 랍비들 중의 한 명에게서 교육을 받은 바울이 그러했다는 사실이 흥미롭다. 바울은 시골에 사는 모든 유태인에게 일반적인 접목 과정을 완전히 그릇되게 기술하고 있다. 고린도에 처음으로 보내는 편지의 구절에서 바울이 얼마나 자연에 무관심했는지 짐작할 수 있다.

> 9 모세의 율법에는 "곡식을 밟아 떠는 소의 입에 망을 씌우지 마십시오"라고 기록되어 있습니다. 이것은 하나님이 소를 염려해서 하신 말씀입니까? 10 전적으로 우리를 위해서 하신 말씀이 아닙니까? 그렇습니다. 이것은 우리를 위해 기록

된 것입니다. 밭 가는 사람이나 타작하는 사람은 제 몫을 받을 희망을 가지고 일합니다(고린도전서 9장 9~10절).

사실, 신에게는 소가 분명 중요하다. 그런데 도시민이었던 바울은 소는 상관없다고 생각한다. 그리고 그는 신학적으로 뭔가 완전히 다른 것을 증명하기 위해 이 구절을 활용한다.[58] 초대 기독교도들이 자연을 존중한 데 비해 바울이 모세 5경을 이렇게 다룬 것은 그리 유익한 게 아니었다.

▸ 유태 신학자 클라우스너는 바울이 모세 5경을 죄의 근원으로 여겼다고 다소 극단적으로 말한다. 예수가 태어난 이후의 유태인들은 '멍에처럼' 자신들을 속박하는 무의미한 율법을 지킬 필요가 없었다. 바울은 모세 5경의 복잡한 율법을 '네 이웃을 네 몸처럼 사랑하라'는 사랑의 율법으로 대체해버렸다. 사실 이것은 사회적인 삶에서는 의미가 있을지 몰라도 (그 점에 대해서도 우려가 없는 것은 아니지만) 생태학적 삶의 방식에는 충분하지 않다.
▸ 초기의 기독교도는 대부분 자신들이 살아 있을 때 메시아가 재림할 것으로 확고히 믿었다. 이 때문에 이들에게 지속성에 대한 관심을 기대할 수 없다. 오히려 그 반대다. 이러한 신비적인 세계 종말의 분위기는 무엇보다도 신약성서의 복음서들,

특히 요한계시록에서 발견된다. 현대의 많은 기독교 종파들이 이것을 앞 다퉈 증거로 원용하는 것도 이 때문이다. 이집트의 재앙을 다룰 때 살펴봤듯이, 고대 이스라엘의 생태학적 지식은 이 텍스트들에서 아무런 역할을 수행하지 못하고 있다.

초기의 기독교도들은 유태인의 생물학적 지식을 전혀 받아들이지 않았다. 이후의 신학자들도 모세 5경의 율법들이 생물학적으로 의미하는 바를 공감하고 수용하려는 노력을 기울이지 않았다.

또 기독교는 프랜시스 베이컨처럼 자연을 마녀로 간주하고 그것의 비밀을 억지로 밝혀내려 한 계몽주의에 반대하지 않았다. 이로 인해 자연은 '마음대로 노략질당했고', 주도적인 역할을 수행하게 된 학문과 기술이 종교를 대체했다. 이러한 태도는 페터 징어가 언급한 것처럼 오늘날까지 계속 영향을 미치고 있다.

# 13_ 그게 뭔가 다른 것을 의미할 수 있지 않을까?

  성서를 새롭게 해석하는 사람은 지금까지의 해석자와 대결을 벌여야 한다. 성서 구절들을 지금까지와는 달리 생물학적으로 해석한 것이 독자가 이해하기 쉬울 수도 있다. 하지만 우리가 이를 '증명'할 수 있을까? 어쩌면 율법에서 이 모든 것을 금지한 까닭이 전혀 다른 데 있는 것은 아닐까? 이 구절들을 해석한 수많은 신학자들은 대체 뭐라고 썼을까?

  물론 이 책에서 다룬 성서의 율법들이 생물학적이고 생태학적인 이유 때문에 쓰였다는 것을 증명할 수는 없다. 이 구절을 누가 썼는지조차 아직 알려져 있지 않기 때문이다. 무수한 삶의 규칙들이 얼마나 생물학적이고 생태적인 의미를 지녔는지 연구하기 위해 이용할 수 있는 것은 오늘날의 생물학적 지식과 로마인들 기록물이나 발굴물에서 얻은 인식과 같이 다른 출처에서 언급된 사실들 정도다. 그리고 후대의 유태 기록물이나 원전을 통해 당시 유태 문화의 정신을 역추리할 수 있고, 다른 신학자들이 쓴 것을 참조할 수 있다.

유태의 원전 중의 하나가 서기 400년 무렵의 미드라시(Midrasch)다. 여기에는 다음과 같은 구절이 있다.

> 모세는 사악한 왕국들이 유태인에게
> 무슨 짓을 할지 예상하고 있었다.
> '낙타, 너구리, 토끼, 돼지' 이런 것은 먹으면 안 된다.
> 낙타는 바빌로니아를 대변하고,
> 너구리는 메디아를 대변하고,
> 토끼는 그리스를 대변하고,
> 돼지는 로마를 대변한다(레비티쿠스 랍바 9. A - 7).

이것은 물론 생태학과 아무런 관계가 없다. 금지된 동물들은 유태인을 억압하는 사악한 왕국들에 대한 메타포일 뿐이다. 물론 우리는 금지된 동물의 목록이 이 구절에서 아직 끝난 것이 아님을 지적하고자 한다. 어떤 사악한 왕국이 일체의 금지된 동물을 대변한다면 모든 종류의 동물이 이에 해당될 것이다.(저자들은 타조나 박쥐 뒤에 어떤 음흉한 세력이 은폐되어 있는지 특히 흥미가 있을지도 모른다). 이러한 해석이 형이상학적으로 흥미로운 것은 사실이지만 그리 유용한 것은 아니다. 사실 오늘날까지 유태인에게 끔찍한 짓을 저지른 일련의 '사악한 왕국들'이 있어왔고, 지금도 있다.

앞에서 언급한 마이모니데스의 주장이 매우 흥미롭다. 12세기에 이집트에서 살았고, 그곳의 통치자 가문의 시의(侍醫)였던 마이모니데스는 자연과학 지식을 두루 꿰고 있었다. 하지만 그는 단지 돼지와 뱀장어 먹는 것을 금지하는 것에 대해서만 논의한다. 이미 살펴보았듯이 생물학적인 근거는 없지만 뱀장어를 먹는 것은 금지되었다. 이것은 오히려 '율법의 결함'에 속한다고 할 수 있다. 이스라엘에는 뱀장어가 없었으므로 율법 조문에 이러한 예외를 둘 필요가 없었기 때문이다.

마이모니데스는 돼지를 쓰레기 더미에서도 아무 문제없이 살아갈 수 있는 불결한 동물로 여겼다. 돼지를 키움으로써 당시 유럽의 마을과 도시에 위생상의 중대한 문제가 생겼으며, 개울이나 연못의 진흙탕에서 자주 보이는 뱀장어도 불결하기 때문에 금지되었다는 것이다. 따라서 마이모니데스는 돼지나 뱀장어를 금한 것은 위생을 배려했기 때문이라고 말한다. 그의 이러한 자연과학적 시각은 우리에게 많은 것을 시사하지만, 유감스럽게도 다른 동물을 금지하는 이유에 대해서는 아무런 대답을 내놓지 못한다. 그리고 고대 유태인들이 뱀장어의 존재 여부를 알지 못했음에도 불구하고 이것에 대해 논의하는 것이다. 물론 마이모니데스는 유태인들이 뱀장어를 모른다는 사실을 알 수 없었다.

또 다른 유태인 신학자 나흐마니데스는 이와 견해를 좀 달리한다. 그는 동물이 먹는 음식물의 청결성 여부가 차별을 받는 주된 이유라고 생각한다. 피에 굶주려 있는 모든 육식동물은 금지되고, 맹수들은 죄다 불결한 동물이라는 것이다. 이것도 좋은 일이다. 왜냐하면 이런 동물을 먹으면 영혼이 피에 굶주리게 될지도 모르기 때문이다. 게다가 허락된 동물들의 살코기는 좀더 질이 좋으며, 의학적인 면에서도 추천할 만하다는 것이다. 그러나 나흐마니데스는 맹수들이 모두 불결하지는 않다는 점을 보지 못하고 있다. 왜냐하면 이러한 범주에 들지 않는 개구리, 돼지, 독수리도 보호(금지)되기 때문이다.

기독교 신학자들도 이러한 규칙과 씨름하고 있다. 신학자 할러는 1925년에 출간한 책[59)]에서 동물들을 깨끗하거나 불결한 것으로 분류하는 세 가지 이유를 다음과 같이 밝히고 있다.

1. 시체나 썩은 고기를 먹고사는 동물은 불결하다. 할러는 한 걸음 더 나아가 고기를 직접 먹지는 않지만 넓은 의미에서

이것과 접촉하는 동물들도 불결한 것으로 본다. 예를 들어 시체 옆에서 집쥐와 들쥐가 보이는 경우가 빈번하다. 그리고 도마뱀과 박쥐가 '유령처럼' 움직이는 것이 죽음과 관계가 있을지도 모른다는 견해를 밝힌다.
2. 이스라엘이 불결하게 여기던 동물들이 이웃 문화에서는 신성시된다. 아랍인은 낙타를 숭배하고, 하란인과 다른 이웃 문화들은 돼지를 숭배한다. 경계를 설정한 이유 때문에 '불결한' 것으로 분류되는지도 모른다.
3. 폴리네시아인과 유사하게 이스라엘인도 '토템'을 가지고 있었을 수도 있다. 할러는 많은 유태인의 이름이 동물에서 파생했다는 사실을 그 이유로 든다. 예를 들어 칼레브는 개에서, 데보라는 벌에서 파생한 것이다. 몇몇 이름은 불결한 동물에서 파생하기도 했다. 이 동물들이 이전의 이스라엘 부족들의 토템이었을 수 있기 때문에 일종의 터부를 암시할 가능성이 있다.

이에 대해 다음과 같은 사실을 말하고 싶다.

▸ 이웃에 대한 경계 설정으로 동물을 불결하고 깨끗한 것으로 분류하는 것은 발터 코른펠트[60]와 같은 신학자들에 의해 타기되었다. 이들은 유태인이 식용으로 먹었던 소를 이웃 문화

에서는 대부분 신성하게 여겼음을 지적한다. 예를 들어 이집트에서는 신으로 숭배되었으며, 바빌로니아와 로마인의 미트라 숭배에서도 이와 상응하는 수준이다.
‣ 애니미즘적인 이유(터부) 때문에 동물을 불결하고 깨끗한 것으로 분류했다는 언급은 성서에도, 다른 유태 원전에도 발견되지 않기 때문에 다소 억지스러워 보인다. 반대로 성서 본문은 신비주의적 경향을 지닌 애니미즘적인 숭배라고 예상할 수 있는 것과는 완전히 달리 대단히 객관적이고 매우 절제되어 있다.
‣ 시체나 썩은 고기와 접촉하기 때문에 동물을 불결하다고 분류하는 것은 할러도 의식하고 있었듯이 모든 불결한 동물을 설명하기에는 불충분하다.

신학자 메리 더글러스는 1966년과 1975년에 발간된 책[61]에서 이와는 완전히 다른 견해를 피력했다. 그녀는 성서의 저자들이 동물의 모습과 움직임에 대해 잘 알고 있었다고 말한다. 이러한 생각과 일치하지 않는 모든 동물들은 불결하다는 것이다. 성서는 종종 동물들이 움직이는 방식에 대해 적고 있다. 하지만 금지된 새들을 다룬 구절에서는 이러한 기준이 거론되지 않으며, 다른 동물들도 움직이는 방식만을 토대로 평가되는 것이 아님을 간과하고 있다. 그녀는 또 앞에서 언급한 미슈나의 구절을 고려하지 않고 있다. 거기서는 랍비의 견해에 따라 사람들이 잘 모르는 새들을 어떻게 처리할 것인지 거론한다.

필자들은 움직이는 방식에 따른 분류는 규정의 간결하고 정확한 정의와 표현에 도움이 된다고 생각한다. 금지된 동물들을 마냥 열거하면 텍스트가 불필요할 정도로 길어지고 한눈에 들어오지 않을 수 있다. 이 때문에 성서의 저자들은 민법전처럼 되도록 보편적인 정황에 의지하고 있다.

우리의 신학적 명제를 뒷받침하는 본질적인 점은 그 명제가 개별적인 음식 규정보다 분명하다는 사실이다. 우리에게 알려지고 글이 인용된 신학자들 중 어느 누구도 땅의 이용, 특히 안식년과 관련되는 규칙들을 음식 규범과 논리적으로 연관지어 언급하지는 않는다. 하지만 이는 자연의 이용과 관련하여 성서에서 가장 단호하고 광범위한 영향을 미치는 규칙들이다. 지금껏 유태 신학자나 기독교 신학자는 제사나 의식(儀式)상의 이유로 이 규칙들을 설명하는 데 성공하지 못했다. 위생 규칙들도 생물학적인 근거가 있는 것으로 보이지 않는다. 하지만 이는 이 신학자들이 주변 환경과 관련되는 규칙의 3분의 1 정도만 조사해서 이 규칙들을 완전히 설명할 수 없음을 의미한다.

하지만 유태인의 생태학 지식에 대한 명제로 우리는 이 '모든' 규칙들이 생겨난 이유를 합리적이고 납득이 가는 근본 원칙에서 찾을 수 있다. 이와 동시에 우리는 유태 기록물뿐만 아니라 우리의 상(像)을 강화해주는 유태인에 대한 다른 문화의 발굴물과 기록물에서 얻은 인식들도 원용하고 있다.

고대 이스라엘의 기록물을 자연과학의 시선으로 바라보면 상상할 수 없을 만큼 다양한 방식으로 지속성의 생각이 반영된 어떤 사회의 상이 생겨난다. 이는 법전은 물론 다음의 특성을 통해 당시의 주변 국가들과는 근본적으로 달랐던 사회 자체의 구성과 구조에서도 발견된다.

▸ 자연 자원을 소중히 다루라는 율법을 통해 자연이 생존에 대한 독자권을 지닌 사회.
▸ 가난한 자와 부자의 격차가 지나치게 벌어지지 않고, 엘리트가 민중과 너무 유리되지 않도록 유의하는 공동체.
▸ 사회적이고 생태학적'인 면모가 강했지만 '자본주의적으로 조직된' 경제.

지속적인 사회의 이러한 상은 너무나 논리 정연하고 자체적으로 완결되어 보인다. 이로 인해 필자는 오늘날 거의 모든 신학자와 모순되는 관계를 형성함에도 불구하고 이런 사실을 가지고 감히 여러분에게 다가간다. 더불어 독자 여러분이 우리의 입장을 다소나마 이해하고 납득할 수 있기를 희망한다.

## 역자 후기

 생태학은 지속가능성이라는 측면에서 21세기를 사는 현대인들의 중요한 화두가 되고 있다. 우리나라에서도 생태학에 대한 관심이 점차 고조되고 있지만, 아직 일반인들의 뇌리에 깊이 각인되지는 않은 상태다. '산림 훼손과 대기오염' '차세대 원료' 문제에 관심이 많은 휘터만 교수 부자(父子)는 이 책에서 성서가 생태학과 밀접한 관련이 있음을 조목조목 밝히고 있다. 즉, 이 책은 지금까지 성서를 주해한 사람들과 전혀 다른 각도에서 조명하고 있는 것이다. 물론 이 책에서 다루는 성서의 율법들이 생물학적이고 생태학적인 이유 때문에 쓰였다는 것을 증명할 수는 없지만, 우리에게 많은 점들을 시사해준다.

생물학자 휘터만은 생태학적 관점에서 구약성서를 읽으면서 성서 속의 계율들이 자연이나 생물학적 지식을 계획적으로 다루고 있음을 발견한다. 유럽에서는 19세기나 20세기에 와서야 비로소 이러한 지식에 도달할 수 있었다. 고대 팔레스티나에 살았던 유태인의 규범들을 생물학적으로 살펴보면 놀라운 사실들이 발견된다. 즉 구약성서 출애굽기나 레위기, 신명기에서 볼 수 있는 자연 친화적인 규칙들은 열악한 땅에서 살아남기 위해 세워진 것이다.

나일 강 삼각주 지역에서 살았던 이집트나 다른 문화 민족과 달리 유태인들은 늘 척박한 환경에서 힘겹게 살아야 했다. 나일 강 유역은 자연의 혜택이 넘쳐나 농작물을 재배하는 데 아무것도 걱정할 게 없었다. 반면 유태인이 살던 팔레스티나의 생태 시스템은 극히 불안정했다. 땅이 다시 사막으로 변했고, 힘들여 건설한 모든 것이 파괴될 위험이 항시 존재했다. 따라서 유태인들이 생태학적인 규칙을 엄수하는 것은 사활이 걸린 문제였던 것이다. 환경에 대한 범죄를 저지르면 자손들이 대가를 치른다. 유태인들은 파괴된 생태 시스템이 회복되려면 4세대까지 내려가야 한다는 사실을 인식하고 있었다.

일반적으로 교리를 엄격히 지키는 유태인들은 청정(淸淨)한 음식만 먹으며, 그들에게 끔찍할 정도로 많은 음식 계율이 있다는 것은 잘 알려진 사실이다. 그러나 이것에 대해 탐구한 유태인은 예나 지금이나 그리 많지 않다. 이들은 의미가 있건 없건 신의 계율을 무조건 지켜야 한다고 여겼기 때문이다. 하지만 이 책의 관심사는 이것이 어떤 의미가 있는지 밝혀내는 것이다. 휘터만은 성서의 음식 규칙을 자세히 살펴보고 거기에는 우연히 기술된 내용이 거의 없음을 밝히고 있다. 즉, 음식물로 적합한지 나타내기 위해 모든 종류의 생물체에 엄한 규칙이 설정되어 있는 것이다. 이런 것은 당시 전 세계에 유례가 없는 일이었다.

유럽에서 페스트가 창궐할 때 유태인들은 우물을 오염시켰다는 죄를 뒤집어썼다. 기독교인들은 유태인들의 위생학적 수준이 높다는 사실을 몰랐기 때문에 이들이 방해 공작을 했다고 여긴 것이다. 게토에 모여 사는 유태인들이 매우 높은 수준의 위생 생활을 했음을 몰랐던 기독교인들은 왜 자신들의 자식은 죽고 유태인들의 자식은 살아남는지 알 턱이 없었다. 오늘날의 지식으로 볼 때, 당시의 기독교인들은 대부분 지극히 불결한 환경에서 살았기 때문에 이와 같은 상황이 벌어진 것이 그리 놀라운 일은 아니다.

유태인은 또 인간의 생명이 시작되는 시점에도 관심을 기울였다. 인간의 생명은 수태와 더불어 시작되는가 아니면 아기가 태어날 때 혹은 그 사이 어느 때에 시작되는가? 이 문제는 무엇보다도 이에서 비롯되는 정치적인 결과 때문에, 예를 들어 낙태 문제나 줄기 세포의 과학적인 이용에 대한 논의에서 오늘날에도 초미의 관심사가 되고 있다.

유태인은 자연 환경의 지속성을 유지하기 위해 많은 노력을 기울였다. 이러한 사실은 음식 규칙이나 자연을 대하는 규율에서만 발견되는 것이 아니다. 유태인의 사회 구조나 이와 관계가 있는 계명도 무엇보다 중요한 지속성의 원칙에 도움을 준다. 유태인에게 지속성의 계명은 성스러운 것이었다. 너무나 성스러운 것이었기에, 극도의 고통과 쓰라린 가난 속에 처했으면서도 이들은 장기적인 생존 기회를 위해 단기적인 이득을 포기했다. 이처럼 고대 이스라엘의 유태인은 심원한 생물학적 지식을 지니고 있었고, 지속적인 사회를 건설하는 데 이 지식을 이용했던 것이다.

성서에서 발견되는 풍부한 생물학적 지식으로 성서가 생겨난 역사를 짐작할 수도 있다. 이전의 '중간 판본'들이 보존되어 있지 않기 때문에 생태학적 지식이 어떤 경로로 성서에 유입되었는지는 전해지지 않는다. 그렇지만 유태인의 생물학적 지식이 장기간에 걸쳐 발전한 것이 틀림없다는 사실은 수긍할 만하다. 이들은 생태학적인 파국에서 배움을 얻고 점점 법칙성을 인식할 수 있게 되었다. 성서의 중요한 부분들이 최종적으로 생겨나기 훨씬 전에 이러한 지식이 있었던 것으로 보인다고 책의 저자들은 말한다. 성서의 저자들이 생물학 지식을 바빌로니아 주변 환경에서 얻을 수 없었을지도 모른다. 왜냐하면 그곳은 꽤 궁핍한 지역이었기 때문이다. 따라서 유태인이 생물학 지식을 가지고 바빌로니아로 가서 그곳에서 오늘날의 형태로 기록했음이 분명하다.

유태 문화 이외에 그토록 열악한 상황에서 그렇게 잘 관리하고 살아남을 수 있었던 다른 문화는 세계 어디에도 존재하지 않는다. 이러한 사실로 볼 때 이제 우리는 생각을 달리할 필요가 있다. 지금까지 부존자원이 부족해 막다른 상황에 처한 모든 민족들이 몰락했기 때문이다. 그리고 우리도 현재 이런 막다른 한계에 봉착했다는 데 대해서는 논란의 여지가 없다. 하지만 유태인의 예에서 보듯, 체념할 게 아니라 수백 년 이상 존속하는 '지속적인 사회'를 구축하는 것이 전적으로 가능하다는 사실이 희망적이다. 그러나 지금까지처럼 환경을 훼손하며 살아서는 앞날이 그리 밝지 않다.

  그렇지만 유태인이 높은 생물학적인 지식 수준을 계속해서 유지·발전시키지 못한 까닭은 생활 형편 때문에 농사를 짓지 않았기 때문이다. 그렇다고 모든 생태학적인 '지식'이 사라진 것은 아니었다. 중세의 기록물과 유태인들의 관습을 통해 고대 이스라엘의 정신이 드러나기 때문이다. 고대 이스라엘의 기록물을 자연과학의 시선으로 바라보면 상상할 수 없을 정도로 지속성의 생각으로 각인된 어떤 사회의 모습이 드러난다. 이는 법전에서 뿐만 아니라 여러 가지 특성을 통해 당시의 모든 주변 국가들과 근본적으로 달랐던 그 사회 자체의 구성과 구조에서도 발견된다.

# 부 록

유태인의 생물학 지식
참고 문헌
주석

# 유태인의 생물학 지식

다음은 성서와 탈무드에 나오는 생물학적 지식에 중요한 구절들의 목록이다.

| 구상 / 지식 | 찾은 곳 | 재발견 |
|---|---|---|
| 생물학적인 종의 개념 안정성, 번식 관계 | 창세기 6장, 18~7장, 3장 | 17~19세기 |
| 우성 유전 대 열성 유전 | 창세기 30~43장 | 멘델, 19세기 |
| '오염되는' 담수 생태계의 연속 | 출애굽기 7~8장 | 19~20세기 |
| 생물학 문헌에서 최초의 실험 | 탈무드, 에룹 III, i | 17세기 |
| 버섯은 나무에서 성장한다 | 탈무드, 삽 XIV, i | 1866년 |
| 배설물은 질병의 확산을 촉진시킨다 | 신명기 23장 14절 | 19세기 |
| 물에 불리면 씨앗의 싹이 잘 튼다 | 레위기 11장 37~38절 | 근대 |
| 화분 꽃에는 구멍이 있음에 틀림없다 | 탈무드, 삽 107b | 근대 |
| 인간의 배아 발생 - 언제 생명이 시작되는가? | 탈무드, 옙 69b | 18세기 |
| 아이에게 누가 영향을 미치는가? 아버지, 어머니, 혹은 둘 다? | 탈무드, 니다 31a | 18세기 |

# 참고 문헌

A.P. 휘터만, 『토라의 생태학적 메시지-모세의 율법에 대한 생물학자의 해석』, 이스라엘 식물학 저널 40, 183~195쪽(1991).

# 1

레오 백, 『유태 정신의 본질』, 비스바덴, 푸리어, 1985.
드 브리스, 『유태인의 의식과 상징』, 비스바덴, 푸리어, 1981.
마크 트웨인, 『고대 세계로의 여행』, 함부르크, 호프만과 캄페, 1964.
헤르만 오크, 『이것이 나의 신이고, 유태인의 신앙과 삶이다』, 뮌헨, 골드만, 1984.
라인홀트 마이어 편역, 『바빌론의 탈무드』, 뮌헨, 골드만, 1963.
헬가 바이페르트, 『헬레니즘 이전 시대의 팔레스티나』, 고고학 핸드북, 근동 II, 제 1권), 뮌헨, C. H. 벡, 1982.
파트&다비트 알렉산더, 『성서로 가는 위대한 핸드북』, 부퍼탈, 브록크하우스, 슈투트가르트, 가톨릭 성서 주석 출판사, 2001.
쿠르트 헤니히, 『예루살렘의 성서 사전』, 노이하우젠 슈투트가르트, 핸슬러 출판사, 1990.
아브라함 네게브, 『고고학 성서 사전』, 노이하우젠 슈투트가르트, 핸슬러 출판사, 1991.
하임 H. 벤 사손, 『유태 민족의 역사』, 뮌헨, C. H. 벡, 1992.
벤자민 마자르, 『주님의 산, 예루살렘의 새로운 발굴물』, 베르기쉬-글라트바흐, 뤼베, 1979.

## 2

알버트 쇼트 역주, 볼프람 폰 조덴 펴냄, 『길가메시 서사시』, 슈투트가르트, 1994.
유르겐 슈베르벨, 『육수학 입문』, 슈투트가르트, 구스타프 피셔, 1999.
토마스 만, 『요셉과 그의 형제들』, 프랑크푸르트, 피셔, 1964.
루돌프 하게만, 『일반 유전학』, 바인하임, 스펙트럼 아카데미 출판사, 1999.

## 3

제인 브란트&존 토르네스 편, 『지중해 연안의 사막화와 땅의 이용』, 치케스터, 윌리와 선스, 1996.

## 5

세퍼/샤흐트샤벨, 『토양학 교과서』, 엥케, 슈투트가르트, 1989.

## 7

이가엘 야딘, 『마사다』, 예루살렘, 슈타인메츠 에이전시 Ltd., 1966.

## 8

이가엘 야딘, 『바르 코바-로마에 대항해 제2차 유태인 반란을 주도한 영웅의 재발견』, 예루살렘, 슈타인메츠 에이전시 Ltd., 1971.
페터 징어, 『실용 윤리학』, 슈투트가르트, 레클람, 1994.
크리스찬 마이어, 『아테네, 세계사의 새로운 시작』, 베를린, 지들러, 1993.

# 9

칼 빌헬름 베버, 『아티카의 스모그-고대의 환경에 대한 태도』, 취리히, 뮌헨, 아르테미스, 1990.

알도 레오폴트, 『샌드 카운티 연감』, 뉴욕, 옥스퍼드 대학 신문, 1949.

레스터 서로, 『자본주의의 미래』, 뒤셀도르프, 메트로폴리탄 출판사, 2000.

# 11

볼프람 폰 조덴, 『고대 근동학 입문』, 다름슈타트, 비센샤프트리헤 부흐게젤샤프트, 1985.

일제 얀, 롤프 뢰터와 콘라트 젠글라우브, 『생물학의 역사』, 피셔, 예나, 1985.

얀 아스만, 『마트-고대 이집트에서 정의와 불멸성』, 뮌헨, C. H. 벡, 1995.

로저 케네디, 『잊혀진 조상들. 북미 인디언 문화의 재발견』, 뮌헨, 드로머 크나우어, 1996.

린다 코르델, 『남서쪽의 고고학』, 샌디에이고, 아카데믹 신문, 1997.

조지 구너맨, 『변하는 환경에서의 아나사치』, 케임브리지, 케임브리지 대학 신문, 1988.

데이비드 스튜어트, 『아나사치 아메리카』, 알부커케, 뉴멕시코 대학 신문, 2000.

# 주석

1. 헤르만 오크, 이것이 나의 신이고, 유태인의 믿음과 삶이다, 127쪽.

2. 같은 책, 127쪽.

3. 레오 백, 유태 정신의 본질, 292~293쪽.

4. S. Ph. 드 브리스, 유태의 의식과 상징, 171쪽.

5. 헤르만 오크, 127쪽.

6. 같은 책, 128쪽.

7. 마크 트웨인, 구 세계로의 여행, 397쪽.

8. 구약성서의 처음 다섯 권에 대한 명칭이 신교와 구교에서 서로 다르다. 신교에서는 첫째 권에서 다섯째 권까지 번호를 붙이고, 구교에서는 라틴식 이름을 사용한다. 라틴식 이름이 국제적으로 통용되기 때문에 이 책에서는 이를 사용한다. 그래서 이런 결과가 발생한다. 모세 1권 : 창세기, 모세 2권 : 출애굽기, 모세 3권 : 레위기, 모세 4권 : 민수기, 모세 5권 : 신명기.

9. 길가메시 서사시, 열한 번째 석판, 23~26행.

10. 같은 책, 27행.

11. 요한 볼프강 폰 괴테, 파우스트 제2부, 6849~6860행.

12. 요한 볼프강 폰 괴테, 파우스트. 텍스트. 평론. 알브레히트 쇠네 편, 제2권, 프랑크푸르트 암 마인, 도이처 클라시커 출판사, 1994.

13. 길가메시 서사시, 열한 번째 석판, 80~85행.

14. 토마스 만, 요셉과 그의 형제들, 261쪽.

15. 같은 책, 261쪽.

16. 같은 책, 261쪽.

17. 우리는 토마스 만을 놀리려고 하지 않는다. 그가 평균적인 자연과학 교양을 지

니고 있었음을 우리가 알기 때문이다. 어쩌면 그가 자기 고향에 흰 양이 많아 잘 못 생각했을지도 모른다. 그 이유는 유럽인들이 속담에서 말하는 '검은 양'을 선별하기 때문이다. 요르단에 가본 사람이라면 누구나 양모로 만든 베두인족의 천막처럼 그곳의 동물들이 주로 검은색을 띠고 있음을 오늘날에도 볼 수 있다. 예를 들어 마요르카와 같은 유럽의 남쪽에서는 양들이 대부분 적어도 부분적으로 검은색이다.

18. 팔루티코프, J. P., M. 콩트, J. 카시미로 멘데스, C. M. 굿니스, F. 에스피리토 산토(1996), 기후와 기후 변화. 실린 곳 : C. J. 브란트, J. B. 토르네스(지중해 연안의 사막화와 땅의 이용, 43쪽), 윌리, 선스, 치케스터. 이 인용문이 독일어 번역은 모든 다른 영국 원전과 마찬가지로 이들 작가들에서 유래한다.

19. 물론 이러한 경고가 생물학적인 선견지명이 아니라 종교적인 이유 때문에 생길 수 있음을 다양하게 피력하는 견해가 있다. 혹은 다음 장에서 논의되는 금지가 생물학적인 이유를 지니는 것이 아니라 오히려 문화적이고 제식적이거나 다른 이유를 지니고 있음을 피력하는 견해가 있다.

20. 우리는 이러한 지적을 한 것에 대해 유태학자이자 역사가며 랍비인 야콥 노이스너 교수에게 고마워한다.

21. T. S. 엘리어트, 기독교 사회의 이념, 런던, 파버와 파버, 1954, 63쪽.

22. 중세 독일의 도시들에서는 물이 아니라 거의 맥주만을 마셨음을 염두에 두어야 한다! 물론 그것은 오늘날 미국 맥주와 비슷해서, 알코올 도수가 낮고 맛이 별로 없었다. 당시의 주부는 맥주 제조법을 터득하고 있어야 했다. 프로이센의 프리트리히 2세의 시대인 18세기에 와서야 독일에서 커피의 형태로 끓여서 물을 살균 소독하는 방법이 유행했다. 그런데 이 방법이 군주에게는 맞지 않아 신하들에게 맥주를 그대로 마시게 했다. 베르트 L. 발레 : 클라이베, 알코올의 문화사, 과학의 스펙트럼 8/1998.

23. 이에 대한 예가 하인리히 그래츠, 유태인의 역사, 고대에서 현재까지. 제7권, 332쪽, 라이프치히, 라이너. 물론 중세에 역병으로 죽은 유태인과 비유태인의

상이한 사망률에 대한 통계는 없다. 1831년 콜레라가 창궐할 때 이러한 종류의 주장이 처음으로 제기되었다. 프로이센 주 포젠에서는 전체 인구의 2퍼센트에 해당하는 2만 5000명이 당시 콜레라로 사망했다. 당시 이 주 주민의 20퍼센트가 유태인이었는데, 유태인 희생자는 전체 주민의 6퍼센트밖에 되지 않았다(야콥 야콥슨(1930), 콜레라, 1831. 위생학자로서의 랍비 아키바 에거. 실린 곳 : 한스 고슬라(편), 위생과 유태 정신, 총소, 드레스덴, 자크 슈테른리히트 출판사). 베른트 헤르트만도 유태 가정의 위생 상황이 더 나음을 지적하고 있다. 그는 중세 유태 가정의 하수도에서 당시의 기독교 가정에서보다도 기생충 알을 훨씬 덜 발견했다(베른트 헤르트만, 중세 하수도에서의 기생충 조사, 실린 곳 : 베른트 헤르트만(편), 중세의 인간과 환경, 비스바덴, 푸리어).

24. 페터 징어, 실천적 윤리학, 23, 224, 276쪽, 「슈피겔」의 인터뷰, 48/01.

25. 블라이히, J. D.에서 인용(1979), 할라힉 문헌에서의 낙태. 실린 곳 : F. 로스너와 J. D. 블라이히(편), 유태인의 생명 윤리학, 134쪽.

26. 크리스찬 마이어(1993), 아테네, 세계사의 새로운 시작, 베를린, 지틀러, 368, 372쪽.

27. 오레스테이아, 복수의 여신 에우메니덴, 판 : 세기의 연극, 오레스트, 뮌헨, 랑엔 뮐러, 1963, 238쪽.

28. 이가엘 야딘(1971), 바르 코크바. 로마에 대한 제2차 유태인 반란시의 전설적인 영웅의 재발견, 예루살렘, 슈타이마츠키 에이전시, 222~255쪽.

29. 카를 빌헬름 베버, 아티카에 대한 스모그, 45쪽.

30. 같은 책, 45쪽.

31. 헤로도토스, 역사, 슈투트가르트, 크뢰너, 409쪽.

32. 베버, 45쪽.

33. 이러한 시적이고 강렬한 문체가 우리 친구들 중의 한 사람에게 부족장 시애틀

의 연설을 생각나게 했다. 이 연설의 생태학적인 부분이 70년대의 위조품임을 모른다면 우리는 그의 말에 기꺼이 동의할지도 모른다.

34. 게오르크-루트비히 하르티히와 테오도르 하르티히(1836), 임학적이고 임학 자연과학적인 대화 백과사전, 슈투트가르트와 튀빙겐, 코타, 573쪽.

35. 레스터 서로(2000), 자본주의의 미래, 뒤셀도르프, 메트로폴리탄 출판사, 385, 407쪽.

36. 알도 레오폴트(1949), 샌트 카운티 알마나크, 218~219쪽.

37. 맹자, 차호 첸타오, 창 웬팅, 추 딩치가 영어로 번역한 중국 고전 시가, 휴먼 피플 출판사, 1999, 제2권, 가오치, 제1부, 255쪽.

38. 이 말은 '무원칙'이나 '비윤리적'이라는 의미에서 '가치 중립적'이라는 의미가 아니다. '가치 중립적'이라는 말은 화학자에게는 금속과 같은 실체가 화학적인 반응에서만 구별됨을 의미한다. 하지만 연금술사에게는 금이 은보다 등급이 높음이 분명하다. 그리고 이 은은 납과 구리보다 등급이 높았다. 이 때문에 또 금속을 '고상하다'와 '고상하지 않다'로 구분하게 된다. 이러한 구분은 오늘날의 과학자가 볼 때는 부적절하며, 산화 잠재력에 따른 범주화로 변했다.

39. 한스 베르너 쉬트(2000), 현자의 돌을 찾아서, 연금술의 역사, 뮌헨, C. H. 벡, 86쪽.

40. 우리는 '인간'이라는 단어를 신중하게 사용한다. 왜냐하면 많은 신학자들은 몇몇 구절이 몇 명의 여성에 의해 쓰였다고 추측하기 때문이다.

41. 석비(石碑)로 세워진 바빌로니아 법전이 바로 그러한 경우다. 거기에는 글을 읽어주는 사람을 데려와야 한다는 요구가 적혀 있다.

42. 카를 아메리(1974), 섭리의 종말, 기독교의 은총 없는 결과, 라인벡, 로볼트, 15쪽.

43. 뉴욕타임스, 1970년 5월 1일판, E. G. 프로이덴슈타인에서 인용함(1970), 생

태학과 유태인 전통, 유태주의 19, 404~414쪽.

44. 라시, 추매쉬, 타르굼 옹켈로스, 합프타로트와 라시의 논평, 랍비 A. M. 질버만과 M. 로젠바움(편), 제1권, 7쪽, 예루살렘, 실버맨 가족, 1934년 초판.

45. 모세스 마이모니데스, 놀라움에 빠진 자의 가이드, M. 프리트랜더에 의해 영어로 번역됨, 275쪽, 뉴욕, 도버, 1904년 초판, 1956년 재판.

46. 색스, H. W. F. (1988), 바빌로니아의 위대한, 티그리스-유프라테스 계곡의 고대 문명 개관, 487쪽, 시지위크와 잭슨, 런던.

47. 일제 얀, 롤프 뢰터와 콘라트 젱라우프(1985), 생물학의 역사, 35쪽, 피셔, 예나.

48. 얀 아스만(1995), 마트-고대 이집트의 정의와 불멸성, 뮌헨, C. H. 벡.

49. 헤로도토스, 역사, 슈투트가르트, 크뢰너, 105쪽.

50. 베버, 25쪽.

51. 모세스 I. 핀리(1981), 고대 그리스의 경제와 사회, 하르몬즈워스, 펭귄북스, 177쪽.

52. 베버, 131~150쪽.

53. 타키투스, 역사, Lib V4.

54. 로저 G. 케네디(1996), 잊혀진 선조, 북미의 인디언 문화의 재발견, 뮌헨, 드뢰머 크나우어.

55. 정선된 문헌: 린다 코르뎉(1997), 남서쪽의 고고학, 샌디에이고, 아카데믹 프레스; 조지 J. 거너맨(1988), 변하는 환경에서의 아나사치족, 케임브리지, 케임브리지 대학 프레스; 다윗 E. 스튜어트(2000), 아나사치 아메리카, 알버퀴크, 뉴멕시코 대학 프레스.

56. "연대성과 정의의 미래를 위하여". 독일의 경제적·사회적 상황을 위한 독일 신

교와 독일 주교 회의 고문의 말. 독일 신교 교회청 발행, 하노버, 독일 주교 회의 사무국, 본.

57. "연대성과 정의의 미래를 위하여", 124.

58. 디모데전서 5장 18절에는 실상이 좀 다르게 서술되어 있음을 우리는 알고 있다. 왜냐하면 성서에서 "곡식을 밟아 떠는 소의 입에 망을 씌우지 마라"고 말하기 때문이다. 그리고 "일꾼이 자기 품삯을 받는 것이 마땅하다"고 말하기 때문이다. 여기서 신이 소를 걱정하지 않는다는 확언이 빠져 있다. 물론 바울이 이 서한을 썼다는 사실도 논란의 여지가 있다.

59. 할러, M. (1925), 유배 이후의 유태 정신, 역사 기술, 예언과 입법, 반덴회크&루프레히트, 괴팅겐.

60. 발터 코른펠트(1965), 구약성서에서 깨끗한 동물과 불결한 동물, 카이로스 7, 13~147쪽.

61. 메리 더글러스(1966), 청결과 위험, 오염과 터부의 개념의 분석, 런던, 루트레지와 키건 폴.